自然資源管理の経済学

河田幸視 著

大学教育出版

はしがき

　本書の関心は、大きくは環境問題にある。環境問題というときに、おおよそ人びとの頭の中に浮かぶのは、二酸化炭素をはじめとした温暖化ガスや有害物質の排出による問題、大量に廃棄されるゴミの問題、家庭や工場排水の問題など、私たちの日常生活の結果としてもたらされる諸々のことであろう。加えて、「地球にやさしい」や「環境にやさしい」といったキャッチフレーズを掲げる企業の環境活動や、NGO、NPO などによる環境保全活動も想い起されるかもしれない。

　こうした問題とその対応は、環境が有する重要な機能の 1 つである「吸収源」としての機能に係わるものである。「環境を保全する」[1) という時には、しばしばこの吸収源の機能が念頭に置かれている。

　また、「自然を保護する」という、よく似た表現をすることがある。その時にしばしば念頭に置かれる、あるいは想起される自然は、人為がほとんど及ばない原生自然であり、そうした稀有な自然を劣化させることなく後世に遺し伝えてゆくことが意図されているように思われる。しかし、こうした原生自然は実のとこ

ろ、あまり残っておらず、多くの自然は、むしろ人による何がしかの影響を受けながら存続している。

こうしてみると、環境問題に関する私たちの認識には重要な欠落があることに思い至るのではないだろうか。それは私たちが、自然がもたらす産物を、食料その他の形でごく日常的に享受し、日々の糧、生活資材として利用しており、その採取の過程において様々な問題を発生させていることである。

本書は、環境が有するこの「供給源」という機能を大きくとりあげ、その適切な利用のあり方を、経済学的な観点から考察するものである。供給のあり方は、自然資源やサービスが永続的に提供されつづけられるか否かで分類できる。換言すれば、再生可能資源であるか非再生可能資源であるかという区別が可能であるということであり、持続可能性を念頭におけば、再生可能資源を中心に利用する社会を構築していく必要があるといえよう。その観点から、本書が取り扱う対象は再生可能資源であり、なかんずく生物資源に着目する。

生物資源の利用は、一方で過剰な利用が問題となっているが、これに加えて最近は過少な利用がますます重要な問題となっており、本書でも第5章でこの問題を取り上げる。

ところで筆者は、1994年の秋であったと思うが、C. W. クラークによる『生物経済学―生きた資源の最適管理の数理―』(竹内啓・柳田英二訳、啓明社、1983年)を非常な衝撃を持って手にした。生物と経済という、私が関心を持っており、一見結びつき

そうにないこれらのキーワードを入れるとどんな書籍が引っかかるのかと興味半分で図書検索をし、この本を見つけた。内容はほとんど理解できないながらも、生物資源を経済学的手法で精緻に分析できることに、ずいぶんと驚愕した記憶がある。

　当時は、そういった方面の研究に、自分が脚を踏み入れるとは考えていなかった。幸い数多くの良き師、良き学友に恵まれ、また、興味深い研究課題に出会うことができ、そうした中で、いくつかの研究をまとめて、いま本書の形で上梓できることに深く感謝している。特に、出版にあたっては、本書の刊行をご快諾いただき、よりよい書物となるように終始最大限の鋭意を持ってご編集いただいた（株）大学教育出版に厚く御礼申し上げる。

2007年6月

　　　　　　　　　　　　　三田研究室にて　　河田　幸視

注
1) 保存、保護、保全についての筆者の基本的な捉え方は、保存は自然の営為、人為とも排除して現状を維持すること、保護は自然の営為は認めるが人為は排除すること、保全は自然の営為、人為とも認め、なおかつ望ましい形での持続的な利用がなされること、というものである。はしがきで述べた「環境を保全する」、「自然を保護する」という表現は、この意味で用いている。しかしながら、「保護管理計画」といった形で保護に保全の意味を含めて用いることが慣例的になされており、本書の他の部分では、これに倣って保護を保全を含む意味で用いている。

自然資源管理の経済学

目　次

はしがき ……………………………………………… i

序　章　本書の課題と梗概 ……………………………… 1
　第 1 節　問題意識と本書の課題　*1*
　第 2 節　本書の梗概　*6*

第 1 章　自然資源の評価と管理の経済モデル …………… 11
　第 1 節　はじめに　*11*
　第 2 節　自然資源評価の経済モデル　*13*
　　1.　トラベルコスト法とは　*14*
　　2.　トラベルコスト法の特徴　*20*
　第 3 節　自然資源管理の経済モデル　*23*
　　1.　使いすぎ・使わなすぎの問題　*23*
　　2.　モデルの分類　*25*
　　3.　余剰生産量モデル　*27*
　　4.　経済的最適化　*29*
　第 4 節　資源経済学における絶滅問題　*36*
　　1.　先行研究のレビュー　*36*
　　2.　自然資源の評価の必要性と限界　*42*
　第 5 節　おわりに　*43*

第2章　宿泊カードを用いたトラベルコスト法とオンサイトデータの調査期間バイアス……… 47

第1節　はじめに　*47*

第2節　調査方法　*49*

   1.　調査対象地の選定　*49*

   2.　データの収集とその属性　*50*

第3節　トラベルコスト法を用いた湿地の便益の推定　*53*

   1.　推定方法　*53*

   2.　便益の推定　*56*

   3.　複数目的地の問題　*62*

第4節　おわりに　*63*

第3章　フグ漁業に見られる漁獲対象魚種変遷の経済的分析 ……… *67*

第1節　はじめに　*67*

第2節　漁獲対象魚種の変遷の整理　*70*

第3節　漁獲対象魚種の変遷の実証分析　*75*

   1.　フグ類の需要曲線の導出　*76*

   2.　フグ類の漁獲対象魚の変遷と代替関係　*79*

第4節　代替する種への移行に関する分析　*83*

第5節　おわりに　*87*

第4章　複数国が利用する漁業資源の最適管理 ………… 92
第1節　はじめに　*92*
第2節　トラフグ漁業の概要　*96*
第3節　モデルの構築　*98*
   1. 諸仮定とMunro-Nashモデル　*99*
   2. Munro-Nashモデルの拡張　*102*
   3. 比較生産費理論に基づく分析　*106*
   4. パラメータの仮定　*107*
第4節　分析　*110*
   1. 自然状態での資源動態　*110*
   2. 漁獲がある時の最適資源水準　*113*
第5節　考察　*117*
第6節　おわりに　*119*

第5章　地域資源としてのエゾシカの最適管理 ………… *123*
第1節　はじめに　*123*
第2節　分析の前提となる事項の整理　*125*
   1. 用語の整理　*125*
   2. 経済的意思決定者の仮定　*126*
   3. 農林業被害の概要　*127*
   4. ベニソン市場の概要　*128*
第3節　モデルの構築　*129*
   1. 価格が所与の場合の定式化　*130*
   2. 価格が捕獲量の関数の場合の定式化　*135*

目　次　ix

　　　　3. パラメータの値の仮定　　*137*

第4節　分析　　*142*

第5節　考察　　*145*

第6節　おわりに　　*150*

第6章　被食─捕食関係にある捕獲対象種と害獣の最適管理
　　　　　　　　　　　　　　　　　　　　　　　　　　　　156

第1節　はじめに　　*156*

第2節　捕食者にみる害獣の側面　　*158*

　　　　1. エゾオオカミの場合　　*158*

　　　　2. 鰭脚類の場合　　*158*

　　　　3. 害獣として顕在化する理由　　*159*

第3節　モデルの構築　　*161*

　　　　1. 自然状態での資源動態　　*161*

　　　　2. 捕獲があるときの最適資源水準　　*162*

第4節　数値シミュレーションによる分析　　*165*

　　　　1. 関数型の特定　　*165*

　　　　2. 自然状態での資源変動　　*167*

　　　　3. 捕獲がある時の最適資源水準　　*168*

第5節　考察　　*173*

　　　　1. 被食者価格と最適資源量、捕獲量の関係　　*173*

　　　　2. 被食者の供給曲線と消費者余剰　　*174*

　　　　3. まとめ　　*176*

第6節　おわりに　　*176*

終　章 ………………………………………………… *179*

あとがき ………………………………………………… *186*

引用文献 ………………………………………………… *189*

序　章

本書の課題と梗概

第1節　問題意識と本書の課題

　これまで2度のエポック・メイキングな世界的環境会議が開催された。1つは、公害が深刻化する中で1972(昭和47)年に開催された国連人間環境会議、いま1つは、地球環境問題の懸念が高まる中で1992(平成4)年に開催された国連環境開発会議である。こうした出来事が端的に示すように、今日、人間のあらゆる活動は自然と不可分の関係にある。人間活動の大部分を占めるのは経済活動であり、もはや無限（自由財）とはみなしえない自然は、自然資源（経済財）として、経済的に適切な利用を心がけねばならない。

　自然資源は、再生可能資源（魚類、野生動物など）と再生不可能資源（石油、鉱物など）に大別できる。また、森林は、通常は再生可能資源に分類されるものの、縄文杉のように、ひとたび伐採されると再現が困難なものは、再生不可能資源として扱われるのが適当とされている。本書は、再生可能資源、とりわけ生物資

源に焦点をあて、わが国の事例について考察をおこなうものである[1]。

経済学では、はやくは古典派経済学者が資源利用問題に着目している。だが、その考察の焦点は再生不可能資源であったと思われる。魚類、海獣類、陸上哺乳類の少なくない種は、商用的利用から乱獲され、絶滅においやられた。45億年の生物の歴史において、絶滅する割合は1年あたり100万種に約9種であったものが、今日では数百〜数千種になっている（Swanson [1994]）。さらに現生種の25〜50%が21世紀に絶滅するという悲観的な予測すらある（Alexander [2000]）。

こうした生物資源の絶滅問題が、経済学の分野で初めて本格的に考察されたのは、1976(昭和51)年のClark論文においてであり、条件次第では絶滅が経済的に最適になりうることが示された。この論文の今日的意義は、むしろ、自然資源の利用にあたり生物が持つ価値を考慮しなければ、絶滅という、本来選択されるはずのない資源利用のあり方が、最適となりうることを理論的に示したことであろう。

だがその後、大半の研究では、人間に都合がよい自然資源の価値（価格として市場で顕在化した価値）しか考慮されてこなかった。非利用価値（受動的利用価値）はおろか、時には利用価値さえも目的関数に十分に組み込まれずに、「最適」な資源利用が考察されてきた[2]。最適という用語は社会的認知に強く左右されうるものであり、大半の人が非利用価値などを認知しない状況では、こうした状況もいたし方のないことであったと思われる[3]。

ようやく近年になり、利用価値や非利用価値を評価し、自然資源管理のモデルに組み込む研究が始まっている。こうした研究は、ゾウやシカのように害獣と益獣の両側面を持つ野生動物の最適管理を扱う研究を中心に、1990年代から散見され始めた。Swanson［1994］やAlexander［2000］はClark［1985］を今日的見地から再定式化し、Bulte and van Kooten［1999］はアフリカ象、Zivin, Hueth and Zilberman［2000］は野生ブタ、Bostedt, Parks and Boman［2003］はトナカイを事例とした研究をおこなっている。

　ところで、こうした先行研究は、海外の事例を扱ったものである。わが国の事例への適用を図る場合に、わが国における生物資源のいくつかの側面を考えると、既存モデルのパラメータを変更すれば事足りるわけではなく、モデルの再定式化や定式化の背後にある仮定の変更が不可欠と考えられる。

　例えば、海外では、シカなどの偶蹄目は、ハンティングの対象としてレクリエーションの価値が認識され、あるいはその獣肉が食材として認知され、こうした価値を考慮した管理が実施されている。バルト3国の1つであるラトヴィア国では、ハンティングが国民的なスポーツとなっており、生息地の植生やその年の累積捕獲量を考慮した先進的な個体数管理が実施されている（河田［2006］）。

　わが国においても、カモシカやニホンジカの獣肉はハンターなどの間で食用に供されてきたものの、個体数の激減からカモシカは天然記念物に指定され、エゾシカ（ニホンジカの一亜種）は永

らく禁猟とされてきた。今日、こうした野生動物は個体数が増加し、各地で人との軋轢を生じている。ハンターが高齢化などで減少し、スポーツとしてのハンティングの概念が気薄であり、食肉としての価値は一部の人にしか認識されていないため、わが国では、野生動物は一般に害獣としての側面ばかりが強調され、地域資源としての価値は十分に認識されていない。

加えて、こうした野生動物の生息地は、林地や農地とオーバーラップしており、甚大な額の被害が発生している地域もある。このため、欧米諸国のように、比較的高い水準で野生動物を維持するという管理目標が、果たしてわが国でも妥当であるか、また、仮に妥当としても社会的に受け入れられるものであるかは一考を要する。

漁業資源管理にも、わが国の特殊性がある。従来わが国では、許可制や免許制によって漁獲努力量（漁船数、操業期間等）を制限する努力量規制が採られてきた（桜本[1998]）。これに対して欧米諸国では、漁獲量規制が標準的である。TAC（total allowable catch、漁獲許可量）制の採用によって、わが国でも漁獲量規制が開始されたため[4]、今後はこの制度を前提とした資源管理手法を検討していく必要がある[5]。

このため、本書では、こうしたわが国に特有の現状を踏まえつつ課題を設定する。

第1の課題は、安価に実施可能な自然資源の価値の計測方法を考察することである（第2章）。既に自然資源の価値を評価する方法の研究は進んでおり、わが国においても理論研究、実証研究

が蓄積されてきている。既存の方法は、アンケートの実施によって評価に必要なデータを得るのが普通であり、多額の調査費用を要する。このため、十分な予算がない限り、実際の計画の立案・検討の段階で、既存の方法を適用することが困難である。

　第2の課題は、自然資源の過剰利用や過少利用が生じる原因を明らかにすることである（第3章）。わが国は、韓国や中国と隣接しており、日本海などは国際的入会地的な性質を有する漁場である。これまでは各国が個別に資源を利用してきたため、多くの魚種は資源状態が悪化している。国連海洋法条約の発効の下で、今後はこれら関係国による資源の共同管理が一層進展すると考えられる。こうした動きを見据えつつ、過剰利用が起こる原因やメカニズムを明らかにしておく必要がある。

　第3の課題は、第2の課題で明らかになった過剰利用や過少利用の原因を経済学的観点から考察し、過剰利用にある自然資源を保護[6]し、過少利用にある自然資源を管理する方策を示すことである（第4～6章）。また、その過程では、利用価値や非利用価値を踏まえて資源利用を考察する必要がある。わが国では、これまでの野生動物管理において、野生動物が有するレクリエーション価値などが十分に評価されてこなかった。このため、既存の管理が果たして妥当であるかを再検討する必要がある。

第2節　本書の梗概

本書では、図序-1に示すように、まず第1章において理論モデルを整理する。続く第2章から第6章は、第1章で示したモデルを基礎にした実証研究であり、現状の把握および政策に関する分析をおこなう。最後に、終章で、本書の結論をまとめる。以下、第3章から第7章までの研究内容を概説する。

第2章　宿泊カードを用いたトラベルコスト法とオンサイトデータの調査期間バイアス

第2章では、北海道浜中町にある霧多布湿原を事例として、トラベルコスト法を用いて同湿原の経済評価をおこなう。分析では、湿原が有する価値の評価に留まらず、現状では経済評価に多額の費用がかかっていることから、宿泊カードを利用して安価に実施可能な評価手法を考案する。また、一時期のオンサイト調査では、推定金額に大幅なバイアスが生じる可能性があり、これを実証的に検討する。

第3章　フグ漁業に見られる漁獲対象魚種変遷の経済的分析

第3章では、現状の把握として、資源の減少が問題となっているフグ類を取り上げ、その原因を経済学的に分析する。漁獲対象とされるフグの種類が変遷し、次々にフグ類が資源枯渇に至った原因の1つとして、フグ類は、漁獲されているフグが枯渇しても

序章 本書の課題と梗概 7

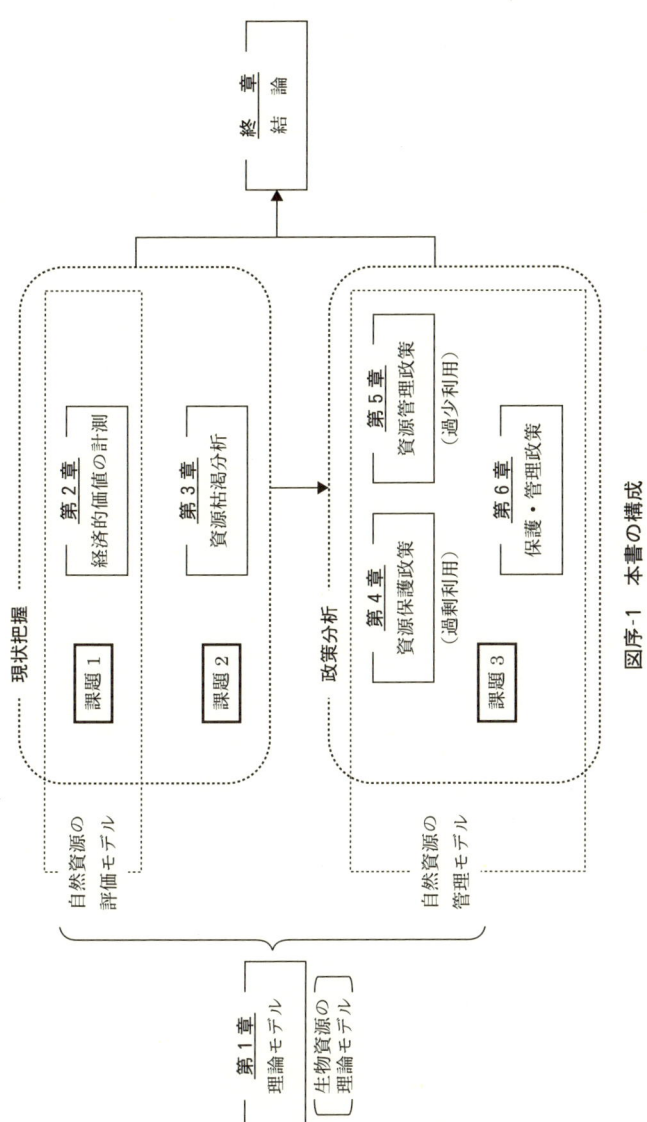

図序-1 本書の構成

新たに漁獲対象にできる別のフグが存在したため、永らく資源の減少が問題とならなかったことを実証的に示す。さらに、減少したフグの資源量が回復しない仕組みを検討する。

第4章　複数国が利用する漁業資源の最適管理

第4章では、第3章で考察したフグ類の中からトラフグを取り上げ、適切な管理のあり方を考察する。トラフグは日本や韓国の生産者がともに利用する生物資源であるため、1国のみの管理では、最適な管理が達成されない。また、成熟前の未成魚に高値が付くことも、問題視されている。そこで、こうした要因を明示的に扱えるモデルを構築し、現状の利用方法をどのように是正すべきかを、定性的に示す。

第5章　地域資源としてのエゾシカの最適管理

第5章では、資源量が増加して農林業被害が問題となっている北海道のエゾシカを取り上げ、その最適な管理政策を分析する。海外では、野生動物は地域資源として認識されており、最大持続可能生産量（maximum sustainable yield、MSY）に対応する資源量以上に維持することがしばしば管理基準となっている。これに対し、現状のエゾシカ管理では、生態学的な検討に基づき農林業被害の軽減を主たる目標として、資源量の目標水準がMSYに対応する資源量以下に設定されている。そこで、現状のエゾシカ管理が、経済学的観点からの検討を加えた場合にも適切であるかを分析する。

第6章 被食—捕食関係にある捕獲対象種と害獣の最適管

　第6章では、市場価値を有さない捕食者が市場価値を有する被食者を捕獲する状況を想定する。生産者は被食者を捕獲するため、捕食者と競合関係にある。こうした状況では、捕食者に何らの価値も認めなければ、有害種として絶滅させることが最適となりうる。従来の対応は、まさにこのようなものであったと考えられる。捕食者に価値を認めるならば、どのような保護・管理政策が適切なものとなるかを、モデルを用いて分析する。

注
1) 再生可能資源は、野生動物や魚類、森林など、再生量がその時々の資源量に依存するものと、太陽エネルギー、風力、潮力など、補充量がその時々の資源量に依存しないものとに分けることができる。ここで用いる生物資源とは、前者を中心とした資源を意味する。後者は補充可能資源として、再生可能資源や再生不可能資源と区別されることもある。
2) 経済学では、資源の最適利用の考察にあたり、当該問題を経済主体の効用ないしは利益最大化問題（あるいはその双対問題としての費用最小化問題）に帰着させるのが一般的である。その前提には、経済活動をおこなう人間は合理的に行動するというホモ・エコノミクス（合理的経済人）の仮定がある。だが、経済人の活動、特に環境問題に係わる人々の活動が、果たして合理的といえるのか、仮にいえるとしても目的関数に適切に反映しうるのかという疑問は当然出てくると考えられる。これに対して、西村［1998］は、非合理的な行動を基準としては何も分析できず、また合理的経済人に代わる一般的な分析方法も現れていないと指摘している。このため本書も、自然資源の最適利用を最大化問題に帰着して考察する。
3) さらに、野生動物の個体数の変化による価値の違いを的確に計測することが困難という技術面での課題もある。例えば、CVM (contingent valuation

method、仮想評価法）では、「政策の範囲や水準が明示化されにくいことから、財としての包含関係が成立しない」（肥田野他［1999］p.24 から引用）という入れ子バイアス（embedding bias）が発生しうることが指摘されている。また、その原因の1つとして、肥田野他［1999］は温情効果（warm glow）の存在が考えられると指摘している。

4) 1996(平成8)年の国連海洋法条約の批准と1999(平成11)年の新日韓漁業協定の発効、翌2000(平成12)年の新日中漁業協定の発効によって、漁獲許可量（TAC）の設定による資源管理や排他的経済水域（EEZ）で操業する外国漁船の取締りが可能となっている。

5) この他に、わが国では、これまで水産資源、森林資源、害虫防除、野生動物管理等の異分野の研究者が別々に研究してきたという問題が指摘されている（高橋［2001］）。

6) 保護とは「本来そこにある自然を人為などの外圧から守る」（社団法人日本造園学会編［1978］）ことであり、持続的利用を念頭に置く場合は保全が用いられることがあるが（竹林［1995］）、本書では「保護管理計画」などの既存の表現を踏襲しつつ、保護を保全を含む広い意味で用いている。

第1章

自然資源の評価と管理の経済モデル

第1節　はじめに

　本章では、本書で用いる経済モデルを整理する。まず、第1は、自然資源の環境便益を評価する経済モデルである。現在用いられている代表的な環境便益評価手法には、ヘドニック価格法、CVM（contingent valuation method、仮想評価法）、トラベルコスト法がある。このうちヘドニック価格法とトラベルコスト法は個人（世帯）が実際におこなう消費活動をもとに環境便益を推定する方法であり、顕示選好法と呼ばれる。これに対して、CVMは、アンケートで個人に直接環境便益を尋ねるものであり、表明選好法と呼ばれる。

　ヘドニック価格法は、環境などの非市場財の価格が地価などに影響を及ぼすというキャピタリゼーション仮説に基づく。この仮説に基づけば、ある地域の地価は、その地域の様々な属性を反映している。すなわち、非市場財の環境質が変化すれば、その地域の地価は変化する。そこで、地域による地価の違いや環境質の変

化による地価の違いをもとに、地域の環境便益を推定するのがヘドニック価格法である。しかし、この方法では、地価が存在しない場合に環境便益を推定できないという問題がある。例えば、海洋環境や海棲生物の価値は、ヘドニック価格法では基本的に計測不可能である。森林や林産物の価値の計測も困難が予想される。

CVMはアンケート調査を実施して、環境質の変化による支払意志額ないしは受入補償額を尋ね、この回答結果から、社会全体の環境便益を推定する方法である。CVMは非利用価値を評価できる数少ない環境評価手法の1つという強みを持っている。しかしながら、アンケートの際に様々なバイアスが発生しうることが指摘されており、金本良嗣氏によれば、他の環境評価手法で評価できない場合に用いるのが、世界的に見て通常となっている[1]。

以上のような理由から、本書ではトラベルコスト法を用いて環境便益の計測をおこなう。トラベルコスト法は、レクリエーション地の便益の推定を始め、様々な環境財の価値の計測に用いられている。ヘドニック価格法と異なり、湖沼や森林レクリエーション、野生動物等の環境便益の計測にも用いられている[2]。

次いで、第2に、自然資源の管理のための経済モデルをみる。自然資源管理に用いられる経済モデルは、生物学的モデルに経済的要素を加味し、経済的考察に馴染む形にしたものである。生物学的モデルは2つのタイプに大別される。1つは余剰生産量モデル（surplus production model）ないしは集中定数系モデル（lumped parameter model）と呼ばれているものである。1838年のVerhulstと1925年のPearlの互いに独立した研究に始ま

り、Ricker［1954］による離散時間型のものと、Schefer［1957］による連続時間型のものが最も広く用いられている[3]。

2つは、VPA（virtual population analysis）ないしはコーホートモデル（cohort model）と呼ばれているもので、わが国では成長・残存モデルとも呼ばれる。これはBaranovによる1916年のロシア語論文に始まり、後にBeverton and Holt［1957］によって体系づけられたものである[4]。

余剰生産量モデルが年齢を捨象するのに対し、コーホートモデルは資源を年級群（コーホート）に分けるモデルである。しかし、コーホートモデルは資源の加入量を一定と仮定し、外性的に与えるという問題を持っている。コーホートモデルにはこうした問題があること、年齢別の資源量を得ることはしばしば困難であることから、本書では余剰生産量モデルを用いて分析をおこなう。

第2節　自然資源評価の経済モデル

トラベルコスト法は、家計内生産関数アプローチ（household production function approach）を応用したものであり、さらに弱補完（weak complementarity）アプローチに基づき精緻化されている。トラベルコスト法では、マーシャルの需要関数が推定されるため、得られる効用測度は消費者余剰である。以下ではこれらの点を中心にまとめる。

1. トラベルコスト法とは

トラベルコスト法は、ホテリング（Harold Hotelling）の着想に始まる環境便益評価手法である[5]。かつてアメリカの国立公園局（National Park Service）が、納税者の負担額に比べて公園がもたらす便益の方が大きいことを経済学的に示そうとして、10名の経済学者に評価方法の提示を依頼した。それに対する回答のうち、ホテリングの回答[6]のみがきちんとした経済理論に基づく評価方法であったとされている。

公園を訪れるということは、少なくとも、旅行費用に見合うだけの便益を公園から享受しているとホテリングは考え、次のような方法を示した。まず、公園を中心とする同心円のゾーンを設定し、公園を訪れる人がどのゾーンからきた人かを1年間にわたって調べる。この時、同一ゾーンからは同じ旅行費用（交通費など）で公園を訪問できると仮定する。次に、ゾーンごとの訪問者数をそのゾーンの人口で割って、各ゾーンの公園訪問率を求める。公園から遠いゾーンほど旅行費用がかかり訪問率は低下するであろう。旅行費用を価格にみたて、訪問率を需要にみたてることによって、国立公園に対する右下がりの需要曲線を得ることができる。

上述のホテリングによる方法は、今日ではゾーントラベルコスト法と呼ばれている。ゾーントラベルコスト法は、個人のデータをゾーンごとに集計したものである。これに対し、個人のデータをそのまま用いる非集計モデルもある[7]。トラベルコスト法には他に、ヘドニックトラベルコスト法、一般化トラベルコスト法、

仮想トラベルコスト法がある。また、非集計モデルでは、従属変数が非負の整数になるといった特徴を有するため、今日では計数データモデルを用いるのが一般的になっている。訪問サイトの候補が複数ある場合には、確率効用モデルが適用されることが多い。

　さて、レクリエーションは、人々が休暇などを利用してサイトを訪れ、ハイキング、紅葉狩り、海水浴や湖水浴、魚釣り……などさまざまな形でサイトの自然を活用し、楽しむ活動である。人々の休暇日数には限りがあり、サイトを訪問するにはガソリン代や切符代などの交通費がかかるのが普通である。それでも人々がサイトを訪れるということから、次の2点を指摘できるであろう。

　第1に、彼らにとってそのサイトは、限られた時間（移動時間）やお金（交通費）をかけてでも訪問する価値があるとみなせることである。すなわち、訪問者が存在することは、少なくともそのサイトに利用価値が存在することを意味する。

　第2に、稀少資源の最適配分に係ることから、経済学的な枠組みによる考察に馴染むと考えられる。実際に、トラベルコスト法は、新古典派経済学における厚生経済学の応用分野の1つと位置づけられる[8]。厚生経済学では、人々は何らかの制約の下で彼らの効用が最大になるように行動すると仮定される。例えば、今月の食費という制約の下でお米やみかんなどを購入し、それを食して効用を得る。

　レクリエーションの場合も同様に、時間や予算の制約の下でサイトを訪問して効用を得る。ただし、単純に消費のみをおこなう

通常の財とは異なり、レクリエーションでは時間をかけてサイトの環境を利用し、レクリエーション活動を楽しむという過程が入っている（図1-1参照）。

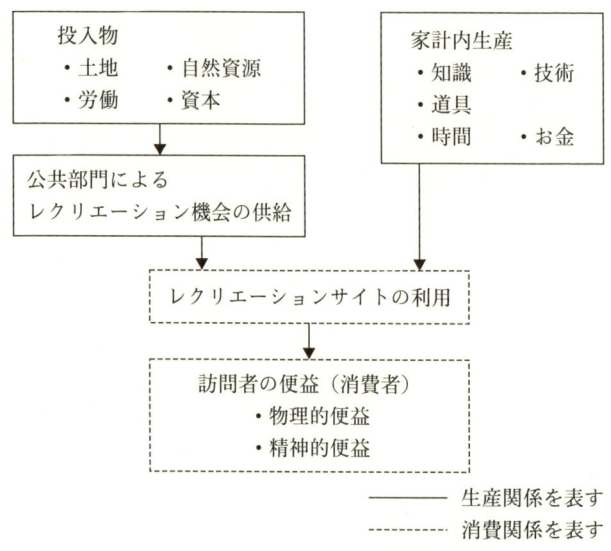

図1-1　レクリエーション生産プロセス
出典：Loomis and Walsh［1997］のFigure2-1を一部変更

このような特徴を持つレクリエーションは、家計内生産関数アプローチの枠組みで考察できる[9]。ここで家計とは、市場経済における経済主体の1つである[10]。家計は、一方で生産要素市場において、生産者たる企業に賃金と引き換えに労働サービスを提供し、他方で、消費財市場で、財を購入して生活をおこなう消費者であると位置づけられる。

人々は、公共部門などが提供するレクリエーション機会の提供を受け、また、自らも金銭的、時間的な制約の下でサイトに関する知識（例えば、良好な釣り場についての情報）、サイトを利用する道具や技術（例えば、釣具と釣りの腕）を活用してレクリエーションサイトを利用し、こうしたレクリエーション活動から、物理的便益（例えば、獲得した魚介類）や精神的便益（例えば、釣りを楽しんだという満足感）を得る[11]。トラベルコスト法は、レクリエーション活動を通じて人々が獲得した物理的・精神的便益を「レクリエーションサイトの価値」として金銭的に評価しようとする方法の1つである。

　ところで、人々はレクリエーション活動を楽しむときに、市場財と市場では取引されない環境財（非市場財）を用いている。環境財には価格がついておらず、そのままでは価値が不明である。ところが、私たちが知りたいのは、このように価格がついていない環境財としてのサイトの価値である。市場財と環境財による産出物をQとすると、産出物Qが観測可能な場合に、環境財の価値を計測することが可能であることが知られている[12]。

　いま、市場財を$\mathbf{x}=(x_1, x_2, \ldots, x_j)$、環境財を$\mathbf{e}=(e_1, e_2, \ldots, e_k)$とすると、これらによる産出物$Q$は$\mathbf{x}$と$\mathbf{e}$の関数として$Q=f(\mathbf{x}, \mathbf{e})$のように表すことができる。例えば、産出物としてお米を考えるならば、これは観測可能であるので、環境財としての水田の価値を計測することができることになる。だが、産出物Qが必ずしも観測可能とは限らない。そのような場合には、市場における代替物が存在していればそれが用いられ、存在していない場合には環

境財 e と市場財 x との間の代替関係や補完関係が定義される必要がある。

レクリエーションの場合、産出物 Q はレクリエーション・サービスである。人々はサイトを訪問しレクリエーション・サービスを享受するが、果たしてどの程度のサービスを消費しているかは直接観察することができない。そのため、トラベルコスト法では、一般に環境財と市場財の間に弱補完性を仮定することにより、環境財の価値を計測する。弱補完性については後述する。

ここでは、Parsons [2003] に基づいて単一サイトの場合のモデルをみてみよう[13]。このモデルでは、ある家計が1シーズンに予算と時間の制約の下で効用最大化をおこなうことを仮定している。いま家計の効用を U で表すとすると、家計の効用 U は、そのサイトへの訪問回数 r、代替サイトへの訪問回数 s（代替サイトは複数あると想定し s はベクトルである）、他の財・サービスの合成財 z、母集団の選好の相違を反映すると考えられる社会経済的・人口統計的な属性の相違 d によって決定されると考えられる。よって、家計の効用は、$U(r, s, z; d)$ のように表すことができる。z は価格1に基準化されている。

家計は、この効用関数を目的関数として、効用が最大になるようにサイト訪問とその他の財・サービスの消費量を選択するが、2つの制約がかかっている。1つは、予算の制約である。家計は時間あたり賃金 w の下で1シーズンに H 時間働くとする。すると1シーズンの収入は wH である。他方で、価格1の合成財 z を購入するとともに、交通費や入場料などの費用 tr_r をかけてサイト

をr回訪問する。同様に、代替サイトにも費用$\mathbf{tr_s}$をかけて$\mathbf{s}$回訪問する。家計が1シーズンの収入を使い切ると仮定すると、これらは$wH = z + tr_r \cdot r + \mathbf{tr_s} \cdot \mathbf{s}$という関係式で表すことができる。これが予算制約式である。

2つは時間の制約である。1シーズンの間に労働とレクリエーションに費やすことができる時間をT、サイトへの移動とサイトでの滞在時間をtm_r、代替サイトへの移動と滞在時間を$\mathbf{tm_s}$とすると、$T = H + tm_r \cdot r + \mathbf{tm_s} \cdot \mathbf{s}$という関係がある。これが時間制約式である。

これら2つの制約式はHを消去することによって、$wT = z + tc_r \cdot r + \mathbf{tc_s} \cdot \mathbf{s}$のように整理することができる。ここで、$tc_r = tr_r + w \cdot tm_r$、$\mathbf{tc_s} = \mathbf{tr_s} + w \cdot \mathbf{tm_s}$である。この制約式の下で家計は効用を最大にするようにサイトへの訪問回数r、代替サイトへの訪問回数$\mathbf{s}$、財・サービスの合成財zの消費水準を決定する。すなわち、家計は次の効用最大化問題に直面することになる。

Max $U(r, \mathbf{s}, z; d)$
s.t. $wT = z + tc_r \cdot r + \mathbf{tc_s} \cdot \mathbf{s}$ (1-1)

この最大化問題からサイトに対する旅行需要関数が導出される。その一般形は次のように表すことができる。

$r = g(tc_r, \mathbf{tc_s}, y, d)$ (1-2)

ただし、$y=wT$ である。

このように、トラベルコスト法では、旅行需要関数はサイトへの訪問回数 r を、サイトや代替サイトの訪問に要する費用、および総稼得可能所得や家計の社会・経済的、人口統計的な特性を用いて説明する形で定式化される。

2. トラベルコスト法の特徴

他の環境評価手法を較べたときに、トラベルコスト法で特徴的なのは、第1に、厚生測度として消費者余剰を用いることが一般的であること、第2に、市場財と環境財の間に弱補完性を仮定していることがあげられる。

まず、厚生測度についてみる。上で導出した旅行需要関数は効用最大化問題の解として得られるものであるため、通常の（マーシャルの）需要関数である。よって、得られる厚生測度はマーシャルの消費者余剰であるが、これは家計の効用の変化を必ずしも正確に与えるものではない。

通常、家計の効用の変化を厳密に表す概念として、等価変分や補償変分が用いられる。等価変分や補償変分は支出最小化問題の解である補償需要関数の下で得られる厚生測度である。一般に効用最大化問題と支出最小化問題の間には、双対性と呼ばれる対応関係が成立している。このため、トラベルコスト法で導出された需要関数についても、それを積分して支出関数を得ることにより等価変分や補償変分を得ることができる（Bockstael [1995]）。このことは解析的には Hausman [1981] に示されている。解析

的に解けない場合は、Vartia [1983] の数値計算による方法が利用できる。

しかしながらトラベルコスト法では、支出関数を導出して補償変分が得られる場合でも通常は消費者余剰を用いることが多い。その理由として、Bockstael, McConnell and Strand [1991] は、多くのレクリエーション問題では所得効果が小さいと考えられ、その場合には消費者余剰と補償変分は近似した値になることなどをあげている。

次に、弱補完性についてみる。先述のように、トラベルコスト法では市場財と環境財との間に弱補完性を仮定する。このような方法は弱補完アプローチと呼ばれ、以下に示す仮定の下で市場財の需要曲線を得ることにより、環境財の価値が計測される。

以下、Kolstad and Braden [1991] を引用して弱補完アプローチにおける2つの仮定をみてみよう。いま市場財として財i、非市場財として財nを考えてみる。h_iを財iの補償需要関数、eを支出関数とすると、財iが財nと弱補完するときには、

$$h_i(p_1, \ldots, p_{i-1}, a, p_{i+1}, \ldots p_{n-1}, q_n, u) = 0 \qquad (1\text{-}3)$$

および、

$$\frac{\partial}{\partial q_n} e(p_1, \ldots, p_{i-1}, a, p_{i+1}, \ldots p_{n-1}, q_n, u) = 0 \qquad (1\text{-}4)$$

となるような財iの価格$p_i = a$が存在する。ただし、p_iは財iの価

格、q_n は財 n の価格、u は直接効用関数である。(1-3) 式および (1-4) 式が弱補完性における2つの仮定である。

これら2つの仮定が意味することをみてみよう。まず (1-3) 式が意味することは、市場財 i の価格が十分に高くなると、補償需要がゼロになるということであり、このとき価格 a はチョーク・プライスと呼ばれる。このことは、財 i が非本質財 (non essential commodity) であることを意味する。

非本質財の例として、赤尾 [2] は所得 I と森林のストック量 Q という2財のケースで、無差別曲線が I 軸と交わるという例をあげている。すなわち、無差別曲線が I 軸と交わるということは、森林ストックがゼロであっても一定の所得が得られれば一定の効用水準を達成できるのであり、森林が絶対に不可欠の財ではない（これを非本質財という）ということを表している。

次に (1-4) 式が意味することは、市場財の消費がゼロのときには、非市場財の限界効用はゼロということである[14]。換言すれば、非市場財が効用に影響するのは、市場財が消費されるときだけだということである（赤尾 [1993]）。

例えば、財 i として水泳（活動）の需要を、財 n として湖の水質（清浄さ）を考えてみると、湖の水は湖水浴によってのみ価値が測られるという仮定の下で、チョーク・プライスの下では人々は湖の水質に無関心になるという例が、Kolstad and Braden [1991] に示されている。

第3節　自然資源管理の経済モデル

　自然資源の利用に係わる問題としてしばしば注目を集めてきたのは、主として過剰な利用であった。これに対して、近年ますます重要になってきているのが過少な利用である。これは、経済・社会の変化とともに、人間が急激に利用量を減らした結果、自然が人間の変化に対応し切れないことに起因する問題といえるかもしれない。以下では、過剰・過少利用を概観した上で、経済的観点からみて適切な資源量のあり方を考察するためのモデルについて述べる。

1.　使いすぎ・使わなすぎの問題

　自然は、人間に対してさまざまな財やサービスを提供するという供給源としての機能と、人間が排出したものを吸収したり浄化するという吸収源としての機能を担っている。こうした機能の中で、本節では特に魚、樹木、野生動物など、財の形で人間に提供される再生可能資源に注目する。

　再生可能資源の利用は、不確実な要因を捨象し非常に単純に述べるならば、年間の増加量と同じ量を利用する限り、持続的といえる。このとき、フローの部分である年間の増加量は、その年のストックである資源量に依存して決まる。このため、持続的な資源量と利用量の組み合わせは無数に存在しうる。

　こうした無数の組み合わせの中から、生物学的な制約を踏まえ

た上で、経済的にみて最も望ましい組み合わせを決めることができるであろう。使いすぎ（過剰利用）、使わなすぎ（過少利用）という場合、それぞれこの最も望ましい組み合わせよりも資源量が多い、および少ない状況を指しており、年間増加量と利用量が一致して持続的な利用になっているかもしれないし、一致せず持続的な利用になっていないかもしれない。

これまで注目されてきたのは、今日の漁業資源にみられるような使いすぎの問題であった。FAO が 2005 年に出したレポート（Review of the state of the world marine fishery resources）によれば、MSY（maximum sustainable yield、最大持続的生産量）に対応する資源量とそれ以下の資源量になっているのは、アセスメントの情報が得られた 441 ストックの 77% にも及んでいる。

これに対して、環境省の生物多様性国家戦略や湯本ほか [2006] でも指摘されているように、陸上野生動物の一部では、むしろ人間の利用が衰退する使わなすぎが問題となっているケースがある。著者の知る限りでは、わが国に加えて、アメリカの事例（栗原ほか [2004]）ラトビアの事例（河田 [2006]）において、進度の差はあるが、ハンターの減少や高齢化が進みつつある。わが国の場合は、これが中山間地域の衰退とあいまって、野生動物による農林業被害の深刻化とそれによるさらなる衰退という悪循環が生じていると考えられる。さらに、自然環境の改変などの他の影響もあって、ニホンジカでは個体数の増加しすぎが起こり、大量死が発生するという事態が生じている。例えば、1983

年から84年にかけての洞爺湖中島での事例（梶［2003］）、1984年春と1997年の金華山での事例（高槻［2006］）、1998年から99年にかけての知床半島での事例（常田［2004］）などである。

ここでは、中山間地域の衰退という問題と、野生動物の増加という問題があり、そのうちいま後者のみを取り上げるならば、これを自然の過程とみなして放置するのか、それとも人間が介入すべきと考えるのかが問題となってくる。ニホンジカなどを捕獲していたと考えられるオオカミ（ニホンオオカミ、エゾオオカミ）を人間が絶滅に追い込んだ可能性が高いこと、人間によるニホンジカやイノシシの利用量が減少したという変化に対して、自然が対応しきれていないと考えられることから、本書では、少なくとも短期的には、人間による介入が必要であるという立場をとる。

そこで、以下では、こうした過剰利用・過少利用を是正することに資すると考えられるモデルを概説する。

2. モデルの分類

自然資源管理の経済モデルは、初期には漁業経済学（Fishery Economics）の分野で発達した。Gordon［1954］の先駆的な研究を嚆矢とし、Scott［1955］、Schaefer［1957］が続き、今日ではGordon-Schaeferモデルとして整理されている。これらは、静学的なモデルであるという限界を持っていた。1970年代には、Clark and Munro［1975］を初めとする、最適制御理論を応用した動学的モデルが導入され、現在では、Gordon-Schaeferモデルを基礎とした動学的モデルが構築されるのが通例である。また、

このモデルは他分野（陸上の野生動物の管理を扱う資源経済学など）にも応用されている[15]。

簡単化のために、食物連鎖は無視する。1種類の野生生物を捕獲している状況を想定し、この生物の t 期の資源量を $X(t)$ で表す（以下では、適宜 X と略記する）。他地域との移出入がなければ、資源量は一般に、時間の経過とともに、主に4つの要因によって変化する。まず、資源量を増大させる要因として加入と成長がある。加入とは、当該生物が加齢して捕獲対象に加わることである[16]。成長とは、既に捕獲対象になっている生物資源の重量が増すことである。また、資源量を減少させる要因として、自然死亡と捕獲による死亡がある。自然死亡には老衰、捕食、環境要因によるものなどがある。

いま、捕獲努力量を E、加入率を z、成長率を g、自然死亡率を m、捕獲死亡率を f とすると、資源の成長率は次式で表される[17]。

$$\frac{\dot{X}}{X} = z(X) + g(X) - m(X) - f(E) \qquad (1\text{-}5)$$

本来ならば加入率 z、成長率 g、自然死亡率 m、捕獲死亡率 f のすべてを組み込んだモデルを作ることが望ましいが、そのようなモデルは扱うのが困難である。そのため、実際には簡単化されたモデルを用いるのが通例である。前述のように、1つは余剰生産量モデル、もう1つはコーホートモデルである。

3. 余剰生産量モデル

余剰生産量モデルは、加入率z、成長率g、自然死亡率mの3要因を自己増殖率としてひとまとめに扱うものであり、成長関数をロジスティック方程式（logistic equation）とするシェーファーモデルが最も一般的に用いられている。余剰生産量モデルには、この他にゴンペルツ曲線を用いたフォックスのモデルや、シェーファーモデルの一般型であるペラ・トリムソンによるモデルもある[18]。

最初にロジスティック方程式についてみる。いま、自己増殖率をr_0で表す。自己増殖率は出生率bと死亡率dにより、$r_0 = b - d$と表される。ここで、ある生物資源の瞬間的な変化率を微分方程式で表すと、

$$\frac{dX}{dt} = r_0 X \qquad (1\text{-}6)$$

となる。このとき、もし出生率bと死亡率dが一定であれば、この微分方程式の解は、$X = X_0 \exp(r_0 t)$となり、指数的に無限に増加することになる。ただし、X_0はこの生物資源の初期資源量である。実際には、資源量Xの増加とともに餌の減少や捕食頻度の増加などが生じると考えられる。このため、出生率bは資源量の減少関数、死亡率dは資源量の増加関数と考えるのが自然である[19]。そこで、

$$b = b_1 - b_2 X \qquad (1\text{-}7)$$

$$d = d_1 + d_2 X \tag{1-8}$$

と仮定する。これらの式で、$b=d$ が成立するならば、資源量 X は安定した値をとる。この資源量水準は環境容量と呼ばれる。環境容量を K で表すと、$b=d$ を解くことによって、環境容量は次式のようになる。

$$K = \frac{r}{b_2 + d_2} \quad \text{または、} \quad \frac{r}{K} = b_2 + d_2 \tag{1-9}$$

ここで、$r = b_1 - d_1$ である。(1-6) 式を変形し (1-9) 式を代入することで、ロジスティック方程式が得られる。すなわち、

$$\frac{dX}{dt} = r_0 X = [b_1 - d_1 - (b_2 + d_2)X]X = \left(r - \frac{r}{K}X\right)X = r\left(1 - \frac{X}{K}\right)X \tag{1-10}$$

である。

以下では、成長関数 $G(X)$ として、ロジスティック方程式を仮定する。すなわち、

$$G(X) = r\left(1 - \frac{X}{K}\right)X \tag{1-11}$$

とする。この成長関数 $G(X)$ は、資源量 X のみの関数として記述されている。成長関数は生物が生息する環境状態の関数でもあると考える方がより正確であるが、環境状態は一定と仮定される

のが通例である。

次に、この生物資源が時間 t において $h(t)$ だけ捕獲されているとする。すると、この生物資源の動態方程式は、

$$\frac{dX}{dt} = G(X) - h(t) \tag{1-12}$$

となる。捕獲量 $h(t)$ は、捕獲能率を q、捕獲努力量を $E(t)$、資源量を X として、コブ・ダグラス型生産関数を用いて次のように定式化される。

$$h(t) = qE(t)^\alpha X(t)^\beta \tag{1-13}$$

ただし、シェーファーモデルでは、通常は $\alpha = \beta = 1$ と仮定されるのが一般的であり、以下では断らない限りそのように仮定する。

4. 経済的最適化

静学的最適化、続いて動学的最適化を扱う。まず、捕獲による総収入関数と総費用関数を導出する。これらは、捕獲努力量 $E(t)$ の関数、または、資源量 X の関数として表すことができる。以下では、まずこれらの導出をおこない、それをもとに静学的な最適化問題についてみる。説明の便のため、以下では t の単位を 1 年とする。

最初に、捕獲努力量 $E(t)$ の関数として、総収入関数と総費用関数を導出する。まず、総収入関数である。もし捕獲量 $h(t)$ が

毎年の資源の増加分 $G(X)$ に等しいならば、不確実性を無視すると、永久に毎年 $h(t)$ を捕獲できる。このように、ある資源量 X の下での持続的な捕獲量を Y と表すことにする。

持続的捕獲量 Y の下では、$h(t)=G(X)$ なので、

$$qE(t)X(t)=r\left(1-\frac{X(t)}{K}\right)X(t) \tag{1-14}$$

が成立する。これを X について解き、(1-13) 式に代入すると、次式が得られる。

$$Y=qKE(t)\left(1-\frac{q}{r}\right)E(t) \tag{1-15}$$

ここで、捕獲物の価格を p とすると[20]、総収入関数 $TR(E)$ は次式で表される。

$$TR(E)=pY \tag{1-16}$$

次に、総費用関数である。捕獲費用が捕獲努力量 $E(t)$ の線形関数と仮定すると、総費用関数 $TC(E)$ は、

$$TC(E)=aE(t) \tag{1-17}$$

と表される。ここで、a は捕獲努力単位あたり費用で定数である。(1-16) 式と (1-17) 式を描いたのが、図 1-2 である。

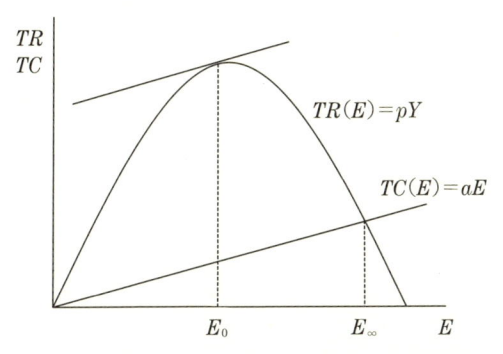

図1-2 捕獲努力量でみた総収入関数と総費用関数

ここで、捕獲活動の単位費用をみておく。捕獲活動の単位費用を $c(X) = TC(E)/h(t)$ とすると、(1-13) 式と (1-17) 式から、次式のようになる。

$$c(X) = \frac{a}{qX(t)} \tag{1-18}$$

次に、資源量 X の関数として、総収入関数と総費用関数を導出する。総収入関数 $TR(X)$ は、次式で表される。

$$TR(X) = pG(X) \tag{1-19}$$

総費用関数を導出するために、(1-13) 式と (1-17) 式から $E(t)$ を消去すると、

$$TC(h(t), X(t)) = \frac{ah(t)}{qX(t)} \tag{1-20}$$

が得られる。持続的捕獲がなされているならば、$h(t)=G(X)$ が成立するので、

$$TC(G(X), X) = \frac{aG(X)}{qX} = \frac{ar}{q}\left(1-\frac{X}{K}\right) \tag{1-21}$$

となる。(1-19) 式と (1-21) 式を描いたのが、図1-3である。

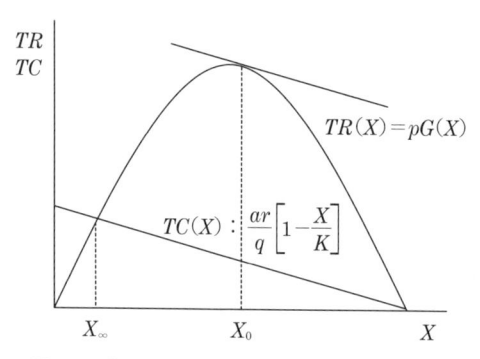

図1-3　資源量でみた総収入関数と総費用関数

静学的には、総収入関数 $TR(X)$ と総費用関数 $TC(X)$ の差、すなわちレントが最大になる

$$\frac{dTR}{dX} = \frac{dTC}{dX} \tag{1-22}$$

となるような資源量 $X=X_0$ が最適な持続的資源量水準となる。

将来資源の価値は割り引かれるのが通例である。そこで、いま社会的割引率を δ とする。もし $\delta=0$ ならば、X_0 が最適となる。

しかし、将来資源の価値が割り引かれる場合には、最適な持続的資源量水準はこの水準から乖離する[21]。

このことをみるために、次に動学的最適化を考える。各期の単位あたり（1頭（1匹）あたり）純収入は $p-c(X)$ で、捕獲量は $h(t)$ である。これを現在価値に割り引くと、$e^{-\delta t}[p-c(X)]h(t)$ となる。連続時間で考えているので、純収入の現在割引価値は、積分をとって、

$$\int_0^\infty e^{-\delta t}[p-c(X)]h(t)dt \tag{1-23}$$

となる。(1-23) 式を目的関数、(1-12) 式を制約式として最適化問題が記述される。この問題の解は Clark and Munro [1975] により、最大原理を用いて与えられている。μ を1頭（1匹）捕獲することのシャドープライスの t 時点における価値として、この問題の時価ハミルトニアンは、次式で表される。

$$Hc=[p-c(X)]h(t)+\mu[G(X)-h(t)] \tag{1-24}$$

ここで、(1-24) 式の右辺第1項は、t 時点において捕獲物の売却により得られる貨幣資産の増分であり、右辺第2項の括弧内は、t 時点におけるこの生物資源の変化分、すなわち、実物資産の変化分である。よって、時価ハミルトニアンは、t 時点の財産価値の変化分を表している。

簡単化のために内点解を仮定すると、最適化のための条件とし

て、次が得られる[22]。

$$\frac{\partial Hc}{\partial h} = p - c(X) - \mu = 0 \qquad (1\text{-}25)$$

$$\frac{\partial Hc}{\partial X} = -c'(X)h(t) + \mu G'(X) = -\dot{\mu} + \delta\mu \qquad (1\text{-}26)$$

(1-25) 式と (1-26) 式、および、定常解 X^* では、$\dot{\mu}=0$、$\dot{X}^* = G(X^*) - h(t) = 0$ が成立することから、次式が得られる。

$$G'(X^*) - \frac{c'(X^*)G(X^*)}{p - c(X^*)} = \delta \qquad (1\text{-}27)$$

この式は、資源経済学の黄金律である。この式を満たす資源量 X^* が動学的最適化の下での最適な持続的資源量である[23]。

(1-27) 式の左辺第1項は、資源の瞬間的限界生産 (instantaneous marginal product of the resource)、第2項は限界ストック効果 (marginal stock effect) と呼ばれる。限界ストック効果は、今期に捕獲をせずに生物資源を将来に残すことによって、来期以降永久に享受できる捕獲量の増加分を表す。限界ストック効果が大きいほど、最適な持続的資源量水準は大きくなる。左辺全体は、生物資源の自己利子率 (own rate of interest) と呼ばれる。

資源経済学の黄金律は、生物資源の自己利子率が社会的割引率に一致するような持続的資源水準が動学的に最適であることを述べている。そして、最適な捕獲量は次式で与えられる。

$$h(t)^* = G(X^*) \tag{1-28}$$

　初期時点において、X^* が達成されているとは限らない。初期時点の資源量 X_0 が X^* と乖離する場合、上述のモデルは時価ハミルトニアンが操作変数 $h(t)$ に関して線形であるため、最速接近経路 (most rapid approach path) はバンバンアプローチ (bang-bang approach) をとる。すなわち、

$$h^*(t) = \begin{cases} 0 & X(t) < X^* \text{のとき} \\ h_{max} & X(t) > X^* \text{のとき} \end{cases} \tag{1-29}$$

である。ここで、h_{max} は最大捕獲可能な捕獲量である。

　現状の資源量 $X(t)$ が持続的資源量 X^* より少ない場合は、現状の資源量が持続的資源量水準に到達するまで一切捕獲をおこなわず、多い場合は、現状の資源量が持続的資源量水準に到達するまで毎年捕獲しうる最大量を捕獲すべきことをバンバンアプローチは意味する。その結果、持続的資源量 X^* が達成されるか、あるいは最初から X^* が達成されているときは、持続的捕獲量 h^* を毎年捕獲することによって、(1-28) 式が成立する。

第4節　資源経済学における絶滅問題

1. 先行研究のレビュー

自然資源の絶滅問題を初めてモデル化したのは、Clark [1973] である。これは、静学モデルを用いてオープン・アクセス下で絶滅が生じうることを示している[24]。以下その要点を、Swanson [1994] にしたがってまとめる。

定常状態で最適な資源量がゼロとなる、すなわち捕獲対象の生物資源が絶滅するためには、

<u>条件1</u>　生物資源を自由に捕獲できる（オープン・アクセス）
<u>条件2</u>　生物資源の単位価格 (p) が単位費用 (c) よりも大きい
<u>条件3</u>　資源の自己増殖率 (r) が低い

という3つの条件が揃えば十分である。

(1-13) 式と (1-17) 式から E を消去して、

$$TC = a\left(\frac{h(t)}{qX^{\beta}}\right)^{\frac{1}{\alpha}} = Ah(t)^{\rho}X^{-\sigma} \tag{1-30}$$

ここで、$\frac{a}{q^{1/\alpha}} = A$、$\frac{1}{\alpha} = \rho$、$\frac{\beta}{\alpha} = \sigma$ である。条件1からオープン・アクセス状態なので、レントが完全に消滅するまで捕獲者の参入が続き、定常状態では、平均費用 $AC = TC/h(t)$ が単位価格 p と等しくなる。よって、

$$p = Ah^{\rho-1}X^{-\sigma} \tag{1-31}$$

となり、これから捕獲関数は、

$$h(t) = \left(\frac{p}{A}\right)^{\frac{1}{\rho-1}} X^{\frac{\sigma}{\rho-1}} \tag{1-32}$$

となる。

図1-4は成長関数（1-11）式と捕獲関数（1-32）式を図示したものである。成長関数は、自己増殖率が低い場合（G_2）と高い場合（G_1）、捕獲関数は、p/cが大きい場合（$h(t)_1$）と小さい場合（$h(t)_2$）が描かれている。

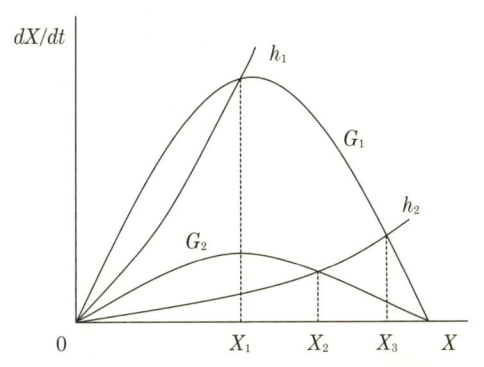

図1-4　静学的オープンアクセス下での絶滅問題
出典：Swanson［1994］のFig.1を一部改変

条件2は、$h(t)_1$のような捕獲関数を意味する。また、条件3はG_2のような成長関数を意味する。これら2つの組み合わせの場合には、両者は資源量Xが有限の範囲では交点を持たず、絶滅が生じることになる。他方、捕獲関数が$h(t)_1$であっても、自己増殖

率が高く成長関数がG_1となる場合や、成長関数がG_2であっても、p/cが低く、捕獲関数が$h(t)_2$となる場合には、資源量が有限の範囲で、X_1やX_2という定常状態が得られることになる。

このように、オープン・アクセスでは、レントが完全に消滅し、いわゆるコモンズの悲劇が発生する。この問題に対して、例えば、資源を単独所有制にするという解決策が提示される。単独所有制では、独占者による管理と、公的な機関による管理とが考えられる。

しかしながら、こうしたケースにおいても、絶滅が最適となりうることが示されている（例えば、Clark［1976］）。以下では、価格が定数の場合について、この問題をみてみる[25]。

前出の動学的最適化問題を再掲すると、

$$\max \int_0^\infty e^{-\delta t}[p-c(X)]h(t)dt \qquad (1\text{-}23)$$

$$s.t. \quad \frac{dX}{dt}=G(X)-h(t) \qquad (1\text{-}12)$$

であり、この問題に対する資源経済学の黄金律は、

$$G'(X)=\delta+\frac{c'(X)G(X)}{p-c(X)} \qquad (1\text{-}27)$$

である。絶滅が最適となる場合を検討するために、この黄金律の意味を、図1-5を用いてみてみる。図1-5には、限界ストック効果がない場合とある場合の動学的に最適な持続的資源量水準が、

第1章 自然資源の評価と管理の経済モデル　39

図中で、縦軸に dX/dt、横軸に X をとる。上に凸の成長関数 $G(X)$ の接線の傾きが $\delta + \dfrac{c'(X)G(X)}{p-c(X)} < \delta$ となる点が示されており、原点からの直線の傾きが δ となる。最適持続資源量水準は X_1^* および X_2^* として示される。

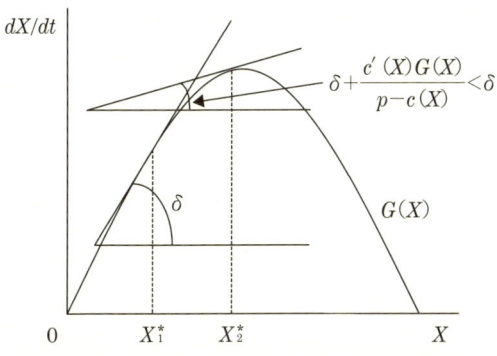

上に凸の成長関数 $G(X)$ の傾きである資源の瞬間的限界生産 $G'(X)$ が、社会的割引率 δ と限界ストック効果の総和に等しくなる水準で動学的に最適な持続的資源量水準が決定される。ストック効果がある場合の最適な持続的資源量水準は X_2^* であり、ストック効果がない場合の X_1^* よりも大きくなる。

図 1-5　黄金率の意味

X_1^* および X_2^* として示されている。この図から明らかなように、限界ストック効果が存在する場合には、持続的資源量水準は限界ストック効果がない場合よりも高水準になる。

（1-27）式は、資源の瞬間的限界生産（$G'(X)$）が社会的割引率（δ）と限界ストック効果の総和に等しくなる水準で動学的に最適な持続的資源量水準が決まることを意味する。このため、もし $X>0$ の範囲で常に資源の瞬間的限界生産が社会的割引率と限界ストック効果の総和よりも小さければ、絶滅が最適になる。

ここで、資源の瞬間的限界生産や社会的割引率を操作することは一般に困難であるため、絶滅を回避するために採りうる方策は、Clark [1973] によれば、単位価格 p や単位費用 c を政策的

に変化させて、$p<c$ とし、捕獲されなくするというものである。このため、絶滅が最適となりうる状況下では、絶滅か完全保護かのいずれかを選択することになる。Bulte and van Kooten [1999] 等によれば、実際にアフリカ象（*Loxodonta africanus*）では、ワシントン条約においてアフリカ象の象牙の輸出を禁止して（密輸を無視すれば）単位価格をゼロとしており、このモデルにおける完全保護の実例となっている。

このような絶滅回避の方法は、望ましくない側面を有している。Alexander [2000] は、絶滅か完全保護かの二者択一になり、適度な資源利用ができないことから、例えば象牙のケースでは市場から象牙がなくなり、結果としてアフリカ象を保護するインセンティブが欠如しうることを指摘している。

さらに、Swanson [1994] は、陸上生物を対象とした場合にはこのモデルが不適切であることを指摘し、Clark と Solow [1974] の資産代替（asset substitution）のモデルに基づいてより一般的なモデルを提示している。Clark のモデルでは絶滅が回避されるケース、すなわち、「$p<c$」や「資源の瞬間的限界生産＞社会的割引率＋限界ストック効果」の場合であっても、Swanson [1994] のモデルでは絶滅が生じうることを示している。

Alexander [2000] は、Swanson [1994] を含め、従来の研究では捕獲対象となっている生物資源の非消耗的価値（non-consumptive value）[26] を十分に考慮していない点を指摘する。Alexander [2000] によれば、Skonhoft [1998] では非消耗的価値としてツーリズムの価値（tourism values）に言及されてい

るものの、モデルには反映されておらず、Bulte and van Kooten [1999] ではツーリズムの価値は含められているものの、非消耗的公共財価値（non-consumptive public good value）[27] がモデルに含まれていないために、動学的最適資源量水準が過少に評価されている可能性があることを指摘している。特に、アフリカ象のケースでは、存在価値が目的関数に欠如すると、絶滅が最適になる可能性があるとして、Swanson [1994] のモデルに存在価値を含めてより一般化したモデルを提示している。

Alexander [2000] のモデルはアフリカ象を対象にしているため、以下では若干の変更を加えてこのモデルをみてみよう。まず、動学的最適化問題は次のように定式化される。

$$\max \int_0^\infty e^{-\delta t}\{[p-c(X)]h(t)-p_r RX+p_u U(X)+N(X)\}dt \tag{1-33}$$

$$s.t. \quad \frac{dX}{dt}=G(X)-h(t) \tag{1-12}$$

である。ここで、p_r は捕獲対象の生物資源が利用する土地の単位価値、R は1頭の生物資源が利用する土地の面積、p_u は訪問者にとってのツーリズム1日あたり費用、$U(X)$ はツーリズムの日数、$N(X)$ は存在価値である。また、$U'(X)>0$、$U''(X)<0$、$N'(X)>0$、$N''(X)<0$ と仮定されている。

海洋では、生物資源の生息地は人間による他の利用がなされることは少なく、人間の利用と競合しないが、陸上の生息地は別の

用途に用いられる可能性がある。目的関数の中の p_rRX は、この点を考慮したものであり、Swanson [1994] のモデルで導入された項である[28]。

この問題に対する資源経済学の黄金律は、

$$G'(X) = \delta - \frac{-c'(X)G(X) - p_rR + p_uU'(X) + N'(X)}{p - c(X)} \quad (1\text{-}34)$$

となる。

(1-34) 式で示された Alexander [2000] のモデルの黄金率と (1-27) 式とを比較すると、相違点は $-p_rR + p_uU'(X) + N'(X)$ の有無である。これらのうち、$-p_rR$ は分子の値を小さくし、残りの項は大きくする方向に働く。Alexander [2000] によると、アフリカ象のケースでは、先行研究からツーリズムの限界収益 $p_uU'(X)$ のみでは $-p_rR$ を凌駕できないため、存在価値の限界収入である $N'(X)$ がモデルで考慮されなければ、アフリカ象を十分に保全できない可能性があるとしている。

2. 自然資源の評価の必要性と限界

前項でまとめたように、先行研究は自然資源の最適管理の考察では、目的関数にツーリズムの価値や存在価値といった非消耗的価値を含める必要性があることを指摘している。こうした価値は消耗されずに発生する価値であるため、市場は存在せず、環境便益評価手法を用いて価値を計測することになる。

しかしながら、計測にはいくつかの問題点がある。第1の問題

点は、関数形の特定が難しいことである。非消耗的価値はAlexander［2000］のモデルにおいて資源量Xの関数として記述されている。だが、第1章の注2で指摘したように、入れ子バイアス（embedding bias）が存在しうる。このため、例えば仮想トラベルコスト法によって複数の資源量を提示して非消耗的価値の計測をしたときに、予測される関数形－例えば、資源量に関して非消耗的価値の限界価値が逓減するような関数－と整合的にならないかもしれない。入れ子バイアスを避けるために提示する資源量の数を少なくすると、得られる関数の精度が低くなる。

　第2の問題点は、計測にかなりの費用がかかることである。Alexander［2000］が指摘する非消耗的価値のうち、ツーリズムの価値は、トラベルコスト法によって計測可能である。また、存在価値を含めた非消耗的価値は、CVMによって計測できる。しかしながら、現状ではアンケート調査によってトラベルコスト法やCVMの計測のためのデータを得ることが多く、それには莫大な費用がかかるのが通例である。複数の資源量について非消耗的価値を計測するためには、さらに多くの費用が嵩むことになる。

第5節　おわりに

　本章では、第2節でトラベルコスト法を、第3節で余剰生産量モデルを紹介した。トラベルコスト法は、自然資源の環境便益を評価する手法として、現状では最も適切と考えられる。本書では、第2章において、トラベルコスト法を用いて湿原の環境便益

を評価する。

　シェーファーモデルは漁業経済学で発展し、現在では象、豚、シカなどの陸上野生動物にも適用され、最も頻繁に用いられているモデルである。本書では、第4章でトラフグ、第5章でエゾシカに適用する。また、第6章では、捕食者―被食者モデルに拡張して分析をおこなう。

　最後に、第4節で、資源経済学における絶滅問題の先行研究をレビューした。非消耗的価値が目的関数に組み込まれなければ、動学的に最適な資源量水準を過少評価したり、絶滅が最適であるという誤った結論が導かれうる。ただし、現状では資源量の関数として非消耗的価値を求めることは困難という問題がある。

注
1) 建設省建設政策研究センター［1997］のp. 37およびpp. 78-84による。
2) 例えば、玉置［1999］は霞ヶ浦北浦の帆びき網漁が有するアメニティの価値を、Wills and Garrod［1991］は森林でのレクリエーション価値を、Creel and Loomis［1990］はカリフォルニアでのシカハンティングの価値を、それぞれトラベルコスト法によって計測しており、その他にも先行研究は多数ある。
3) Reed［1980］およびSumaila［1999］による。
4) 能勢他［1988］による。
5) Burt and Brewer［1971］によれば、その萌芽となる研究としてHotelling［1938］があげられる。
6) ホテリングの手紙は、Ward［2000］に再収録されたものを参照した。
7) 通常は、個人トラベルコスト法と呼ばれる。
8) McConnell［1985］によると、アウトドア・レクリエーションの経済学は土地資源経済学（land resource economics）と応用厚生経済学（applied

welfare economics）という2つの異なる経済学から発展してきたものであり、自然資源経済学（economics of natural resources）の1分野として位置づけられるとしている。
9) 家計内生産関数アプローチはBecker［1957］の着想に始まるものである。
10) 家計はその構成員が1人の場合と複数人の場合があるが、複数の場合にはその構成員が同様な効用関数を持っていると仮定することで、構成員に着目しなくても家計を単位として分析できる。消費者理論では、通常は家計の代わりに消費者という用語が用いられる。
11) この段落の記述は、Loomis and Walsh［1997］をもとにした。
12) 以下のパラグラフの記述はAcharya［2000］をもとにした。
13) ただし、参照したのは、成書となる前に、ウェブサイト上で公開されていた原稿である。
14) この意味は、(1-4)式から直接導かれるものではなく、それと同値な効用関数を用いた条件から出てくるものである（例えば、赤尾［1993］）。
15) 本節は、主にMunro［1981］およびMunro and Scott［1985］に基づいた。
16) これは、網で捕獲する魚類等の海棲生物にあてはまると考えられる。陸上生物でも、幼獣の捕獲が禁止されている場合が該当する。
17) 通常、投入財としての労働と資本は区別されるが、漁業経済学ではこれらをまとめて漁獲努力量という。このため、ここでは労働と資本をまとめて捕獲努力量と呼んでいる。
18) 能勢他［1988］による。
19) 以下のロジスティック方程式の導出法は、Wilson and Bossert［1971］をもとにした。
20) 価格を捕獲量の関数とすることも可能である。例えば、第5章を参照。
21) 図1-2で$TR(E)=TC(E)$なる捕獲努力量水準E_∞の状況は、漁業経済学ではGordonによって生物経済的均衡（bionomic equilibrium）と名づけられている。これは、図1-3におけるX_∞（今期にのみ価値を置き、将来資源の価値をまったく認めないときに最適な資源水準）に対応している。

22) これらの条件の導出については、例えば、Shone [1997] を参照。
23) Clark and Munro [1975] および Munro [1979] によると、シェーファーモデルが用いられ、かつハミルトニアンが操作変数の線形関数になっている場合は均衡解 X^* は一意に決まるが、他のモデルを用いた場合や線形関数になっていない場合には、必ずしも一意な解は得られない。
24) Clark [1973] では、存在価値等には触れてはいないものの、絶滅が社会的に最適であることは保証しないと明確に記されている。
25) Swanson [1994] および Alexander [2000] では独占のケースで考察されている。しかし、後出の Alexander [2000] では価格が定数のケースを扱っていること、および、これまでの本章における定式化と整合的にするために、以下では価格が定数のケースを検討する。価格が定数でも捕獲量の関数（独占等の場合）でも、議論の本質は変わらない。
26) 消耗的価値は利用価値に含まれる。また、非消耗的価値には、ツーリズム価値のように利用価値に含まれるものと、存在価値のように非利用価値に含まれるものとがある。
27) Bulte and van Kooten [1999] では受動的利用価値（passive-use value）と呼ばれている。
28) Swanson [1994] のモデルでは R は操作変数であるが、Alexander [2000] では操作変数となっていない。その他にも、Swanson [1994] では成長関数の定式化が改められているのに対し、Alexander [2000] では従来のロジスティック方程式が用いられているという相違がある。

第2章

宿泊カードを用いたトラベルコスト法とオンサイトデータの調査期間バイアス

第1節　はじめに

　トラベルコスト法は、農村が有するレクリエーション機能を評価する手法の1つである。わが国においても、佐藤他［1994］、吉田他［1997］、田中他［2002］などの先行研究があり、近年、その研究や適用が進んでいる。

　自然環境でのレクリエーションのような環境財（サービス）は市場が欠如しており、その需要を直接観察できない。このため、トラベルコスト法では、環境財と市場財の間の弱補完性（weak complementarity）を利用することにより、環境財の価値を計測する[1]。

　トラベルコスト法のために市場財のデータを収集する方法には、訪問者が居住すると予想される地域を対象にアンケート等を実施するオフサイト調査と、サイト内で実際に訪問している人を対象にヒアリング等を実施するオンサイト調査がある。

これらの調査方法を用いた場合、十分なサンプル数を得るにはかなりの費用と手間を要するのが通例であり、このことがトラベルコスト法の適用において大きな障害となっている。今後、トラベルコスト法を通じてサイトのレクリエーション便益を明らかにするためには、データの入手が容易で汎用性が高い調査方法を確立することが必要不可欠な課題である。

　この問題の改善方法の1つとして、他の目的で既に集められているデータを用いることが考えられる。例えば、Hellerstein [1991] は、カヌーの許可証に記載されたグループ・リーダーの郵便番号や社会経済的・人口統計的属性のデータを利用して、トラベルコスト法による調査を実施している。このような既存データを活用すれば、調査経費や労力を飛躍的に軽減することが可能と考えられる。

　アウトドア・スポーツやハンティングなどが欧米ほど普及していないわが国の場合は、許可証が存在しないケースが多いと予想される。一方で、ほとんどのサイトには宿泊施設が整備されていると考えられる。そこで本章では、宿泊カードを用いてそのサイトのレクリエーション便益を計測することにする。

　ところで、宿泊カードは訪問者のみのデータで構成されることから、オンサイトデータの一種と位置づけることができる。宿泊カードは通年のデータが得られるという点で、1年のうちの特定期間のみの調査から得た通常のオンサイトデータとは異なっている。このような宿泊カードの性質から、これまで検討されてこなかったオンサイトデータに係る次の問題点を考察することが可能

となる。

　現状のオンサイト調査では、1年のうちの特定期間のみ調査を実施し、そのデータを用いて年間の便益（消費者余剰）を求めるのが通例である。しかしながら、とりわけ豊かな自然環境が魅力となっている評価対象サイトは、オン・シーズンとオフ・シーズンなどでそのもたらす便益の内容や大きさが異なり、訪問者の居住地の分布などが変化する可能性がある。時期により訪問者の属性に違いがある場合、特定期間の調査から得たデータを用いると、年間のデータを用いた場合と比べてバイアスのある便益が得られる可能性がある[2]。

　そこで本章では、「1年間の宿泊者名簿のデータ」を用いて通年の便益を計測するとともに、「特定時期のデータ」からも通年の便益を算出してこれらを比較することにより、特定期間のデータの推定便益にバイアスが生じうるかを検討する。

第2節　調査方法

1.　調査対象地の選定

　レクリエーション地では、特定のイベントや季節によって訪問者数や訪問者の居住地の分布が変動しうる。このとき、居住地近隣に位置し、日帰りで訪れるようなサイトであれば、集客範囲は限られた地域となり、サイトまでの交通費や時間の機会費用の変動幅が狭くなると考えられる。このため、通年のデータと特定時期のデータにおいて訪問者の居住地の分布の違いなどがあって

も、推定便益の差はさほど大きくならないと予想される。

これに対し、集客範囲が広いサイトでは、交通費の差や、地域属性の相違が大きくなり、通年のデータを用いた場合と特定時期の場合とで推定便益はかなり異なったものになる可能性がある。もっとも、仮に集客範囲が広くても、訪問者数が十分に多い場合にはオフサイト調査によって必要なサンプルを得ることが容易であり、この場合には調査時期は問題とはならない。

よって、本章では、訪問者数が十分には多くなく、集客範囲が広く、季節によって訪問者の分布に違いがあるサイトを選定し、上述の課題を検討する。

そのような要件を備えうる事例として、本章では、北海道道東の浜中町に位置する霧多布湿原（面積3,168ha）を取り上げる。霧多布湿原は国内で3番目に大きな湿原であり、1993(平成5)年にラムサール条約に登録されていることから全国的にも知名度は高いと考えられる。他方で、霧多布湿原への訪問者数は、他の全国的なサイト（富士山、屋久島など）と比較して少ないと考えられる。季節による訪問者の分布の相違については、以下で詳述する。

2. データの収集とその属性

浜中町観光協会によると、浜中町には2000(平成12)年2月現在14軒の宿泊施設がある。分析には湿原に隣接する1軒から得た2000(平成12)年1年間の宿泊者データを用いる[3)4)]。分析には宿泊者データのうち、居住地、同行者数、宿泊した月が明らかな

389個のサンプルを用いる[5]。

データの属性は、以下のとおりである。居住地は、北海道約24%、東北・信越約3%、関東約43%、北陸・東海約12%、近畿約14%、中国・四国約3%、九州・四国約2%である。宿泊カード記入者の職業は、会社員が約5割を占め、公務員などが約2割で、その他は専門職、自営業、学生などであった。宿泊日数は、1泊が約7割であり、3泊以内がほとんどを占める。宿泊カード記入者の性別は、男性が約7割、女性が約3割である。宿泊カード記入者の生年は、1930年代までが約8%、40年代が約15%、50年代が約22%、60年代が約31%、70年代以降が約25%であった。同行者数は、単独が約3割、2人連れが約5割で3人以下が全体の約95%を占める。

霧多布湿原は「花の湿原」とも呼ばれ、初夏〜秋口がオン・シーズンと考えられる[6]。そこで、宿泊カードを月別・居住地別に道内外で分類してみた。その結果、6〜9月は道外からの訪問者が85%を占めるのに対し、その他の月は53%となった（表2-1）。また、霧多布湿原センター[7]の1998(平成10)年〜2000(平成12年)の月別入館者数においても、6〜9月の入館者数が最多となっている（図2-1）。

表2-1　月別・居住地別宿泊者の割合

	1月	2月	3月	4月	5月	6月	7月	8月	9月	10月	11月	12月
道内	25%	67%	38%	50%	34%	14%	16%	13%	16%	32%	29%	100%
道外	75%	33%	62%	50%	66%	86%	84%	87%	84%	68%	71%	0%

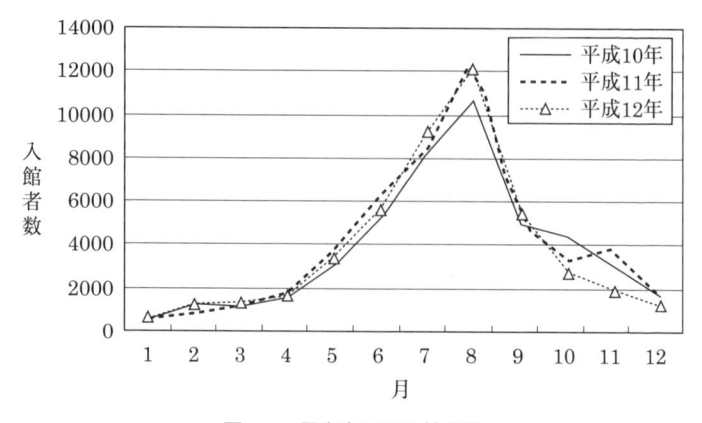

図 2-1　霧多布湿原入館者数
出典：霧多布湿原センター

このことから、仮に霧多布湿原でオンサイト調査を実施するならば、訪問者数が多いと予想されるこの時期（6〜9月）に調査をおこなうと考えられる。しかしながら、この時期は道外からの訪問者数が多く、この時期の調査をもとに年間の便益を推定すると、年間のデータを用いた場合とはかなり隔たった推定便益が得られうると予想される。

そこで、以下では年間データを用いた場合と特定時期のデータを用いた場合に便益の推定値がどの程度異なるかを比較する。

第3節　トラベルコスト法を用いた湿地の便益の推定

1. 推定方法

宿泊者データからは年間の個々人の訪問回数が不明であるため、分析にはゾーントラベルコスト法を用いた[8]。基本的に道外は都府県を、道内は支庁を1つのゾーンとみなしたが、訪問者がいない場合は近くの行政単位と一括した[9]。

宿主へのヒアリングによると、交通手段は自動車がほとんどを占めるため、道内は自家用車を使用したとし、湿原までの往復のガソリン代を交通費とした。道外は居住地から釧路空港もしくはJR釧路駅までの飛行機・電車・バスによる往復の交通費、釧路空港もしくは釧路駅から湿原までのレンタカー代金、往復のガソリン代を交通費とした[10]。

被説明変数は各ゾーンの訪問率である。説明変数は、先述のHellerstein [1991] と、わが国における先行研究のうち、ゾーントラベルコスト法を適用している佐藤他 [1994]、吉田他 [1997]、田中 [1995] において用いられている変数の中で、データが得られるものを候補とした[11]。

さらに、都市公園面積、自然公園面積、耕地面積、林野面積は身近な公園や自然を、ISDN契約割合は情報アクセスの容易さを、月間実労働時間の多さは実質的な休暇日数の少なさを、舗装率は自動車の利用に対する選好度を反映し、ゾーンごとの訪問率の違いを説明すると考えられるため、説明変数の候補とした。複

数の行政単位をまとめてゾーンを形成した場合には、それぞれの行政単位の人口で重み付けしたものを新しい変数の値とした。これらをまとめたのが表2-2である。

宿泊カードは世帯ごとに記載されているケースが大半であり、以下では世帯を単位として宿泊型訪問者の年間便益を推定する。

ここで、ゾーンiの訪問率VR_iは、

$$VR_i = \frac{(ゾーンiからの訪問世帯数/総訪問世帯数) \times 年間宿泊総世帯数}{ゾーンiの世帯数}$$

(2-1)

である。ただし、総訪問世帯数は、調査の対象となった世帯数である。年間宿泊総世帯数は資料がないため、調査協力を得た1軒の宿泊者数、および浜中町の宿泊施設の数とそれらの経営規模から、6,020世帯とした。

旅行費用は世帯ごとに計算し、その平均とした。すなわち、ゾーンiの世帯数をn_iとして、ゾーンiの旅行費用TC_iは、

$$TC_i = \frac{\sum_{k=1}^{n_i} \left[世帯kの自動車走行距離 \times \frac{ガソリン代}{燃費} + レンタカー賃貸料 + その他交通費 + 宿泊費 + 時間の機会費用 \right]}{n_i}$$

(2-2)

とした。ただし、ガソリン代は100円/ℓ、燃費は10km/ℓ、レンタカー賃貸料は5,000円/日と仮定した。その他交通費とは、飛

表 2-2 変数候補一覧

	変数名	記号	単位	調査年	平均値通年	特定時期
被説明変数	訪問率	VR	回/10万世帯	—	16.64	15.32
	(訪問率の対数値)	Ln(VR)	(回/10万世帯)	—	2.15	2.36
説明変数	旅行費用	TC	万円/世帯	—	7.80	10.07
	(旅行費用の対数値)	Ln(TC)	(円/世帯)	—	10.88	11.38
	課税対象所得	INC	100万円/世帯	H11	3.84	3.92
	(課税対象所得の対数値)	Ln(INC)	(円/世帯)	H11	15.15	15.17
	林野面積	FOR	km²/1000人	H12	3.73	3.42
	耕地面積	AL	ha/100人	H13	7.22	6.42
	自然公園面積	NP	ha/100人	H13	7.36	6.63
	都市公園面積	CP	ha/10000人	H13	10.00	9.51
	15歳未満割合	U15*	%	H13	14.64	14.50
	65歳以上割合	U65*	%	H13	19.35	19.21
	有効求人倍率	REC	(倍率)	H13	0.56	0.56
	月間総実労働時間	WOR	10時間	H13	15.60	15.56
	事業所数	WP*	100事業所	H13	9.85	10.27
	舗装率	ROAD*	%	H13	26.79	27.64
	世帯あたり保有車両数	CAR	両/世帯	H13	1.28	1.25
	住宅用ISDN契約世帯の割合	ISDN	%	H12	9.51	9.52
	医師数	DOC*	医師/1000	H12	1.85	1.94
	保護率(生活保護法による)	PRO	人/1000人	H12	9.24	8.97
	大学・短大等への進学率	EDU	%	H14	42.59	43.53

注:説明変数のうち、旅行費用以外のデータは『日本の統計』(2003年版)を加工して作成した。ただし、北海道の支庁別のデータのうち、変数名に'*'を付したもの、および、課税対象所得は、『統計でみる市区町村のすがた 2003』を加筆した。

行機、電車、バス料金である。宿泊費は浜中町の宿泊施設の平均とし、時間の機会費用は時間給の3分の1[12]を都道府県ごとに計算して用いた。

ゾーントラベルコスト法では、これらを用いて初めに旅行費用等の説明変数と訪問率の関係を表す方程式（以下、訪問率方程式とする）が求められる。訪問率方程式は、線形モデルの場合、ゾーン i の訪問率を VR_i として、

$$VR_i = \sum_{j=1}^{J-1} \beta_{ij} X_{ij} + \beta_{iJ} \qquad (2\text{-}3)$$

で表される。ここで X は説明変数、J は候補とする定数項を含めた説明変数の数である。β は推定すべきパラメータであり、このうち β_{iJ} は定数項である。

次に、この訪問率方程式を用いて、仮想的に追加費用を課した場合の訪問世帯総数を求めることによって旅行需要曲線が得られる。この旅行需要曲線の下側の面積は、サイトを訪問するために追加的に支払ってもよいと考える金額であり、これが求める便益である[13]。

2. 便益の推定

訪問率方程式は、「通年のサンプルを用いた場合」と「特定時期のサンプルを用いた場合」についてそれぞれ推定した。「通年のサンプルを用いた場合」は、宿泊者データのうち、居住地、同行者数、宿泊した月が明らかな389個のサンプルを用いた。ゾーン数は47である。「特定時期のサンプルを用いた場合」は宿泊カー

ドのうち6、7月のサンプルを用いた[14]。サンプル数は140個、ゾーン総数は37である。

訪問率方程式のモデルは変数減少法と変数増加法によって構築し、赤池情報量規準（AIC）に基づいて優れている方を選択した[15]。ただし、坂元［1983］によるとAICの差が1程度ではモデルの優劣がないと判断されるため、その場合にはp値が低いモデルを選択した。訪問率について対数を取らない場合と対数の場合を考え、その各々に対して、旅行費用と課税対象所得がそれぞれ対数を取らない場合と対数の場合をモデルの候補とした。AICによって比較すると、訪問率は対数を取った場合の方がはるかによい結果が得られた。そこで、以下では対象とするモデルを訪問率が対数の場合に限定し、便宜的に、旅行費用が対数の場合を両対数モデル、対数を取らない場合を片対数モデルと呼ぶことにする。

ゾーンとして道内は支庁、道外は都府県を用いているため、人口の違いによる不均一分散が生じうる[16]。このような場合、通常の最小二乗法から得られた係数の標準誤差は過小評価されている可能性がある。そこで、仮説検定には分散不均一下の一致共分散（heteroskedasticity consistent covariance）を用いて計算したt値を用いた。推定結果を表2-3と表2-4に示す。

以上の手続きによって得られたモデルは、AICによって比較すると、通年、特定時期とも、両対数モデルが片対数モデルよりも優れており、通年については課税対象所得について対数を取らない場合の両対数モデル2が、特定時期については旅行費用、課税対象所得とも対数にした両対数モデル1が選ばれた。

表2-3　訪問率方程式および便益の推定結果（通年）

	両対数1	両対数2	片対数1	片対数2
定数項	−24.8*** (−4.38)	9.12*** (7.57)	10.05** (2.52)	−60.37*** (−5.76)
LnTC	−0.85*** (−7.41)	−0.87*** (−7.75)		
TC			−0.17*** (−6.16)	−0.17*** (−4.97)
LnINC	2.41*** (6.05)			3.99*** (6.28)
INC		0.67*** (6.49)	0.32*** (2.77)	
DOC	0.2** (2.42)	0.22*** (2.84)		
NP			0.05*** (2.80)	
PRO				0.10*** (3.64)
ROAD	0.01*** (2.91)	0.01*** (3.07)	0.02*** (3.09)	
U15				0.17** (2.5)
U65	−0.05* (−1.93)	−0.04* (−1.69)	−0.08* (−1.89)	
WOR			−0.45* (−1.88)	
AIC	74.59	73.3	88.15	83.6
adjR²	0.77	0.78	0.7	0.72
推定便益	−	875,585,108 円 1,199,577,567 円	−	−

注：（　）内は分散不均一下の一致共分散を用いて計算した t 値。* は 10%、** は 5%、*** は 1% の有意水準で変数を採択。推定便益の上段は追加費用の上限を 50 万円、下段は 100 万円とした場合。

表2-4 訪問率方程式および便益の推定結果（特定時期）

	両対数 1	両対数 2	片対数 1	片対数 2
定数項	−39.62*** (−4.20)	5.44* (1.92)	1.27** (1.58)	−44.81*** (−4.76)
LnTC	−0.70*** (−3.24)	−0.68*** (−3.17)		
TC			−0.15*** (−5.00)	−0.08** (−2.04)
LnINC	3.21*** (5.57)			3.07*** (5.06)
INC		0.87*** (6.11)	0.44*** (2.79)	
FOR	0.19*** (2.72)	0.2*** (2.85)		0.23*** (3.65)
NP			0.06** (2.33)	
ROAD	0.02*** (3.72)	0.02*** (3.86)	0.02*** (2.92)	0.02*** (3.74)
AIC	71.68	70.68	79.02	74.99
adjR²	0.61	0.62	0.52	0.57
推定便益	1,362,503,389 円 2,024,056,216 円	―	―	―

注：（ ）内は分散不均一下の一致共分散を用いて計算した t 値。* は 10%、** は 5%、*** は 1% の有意水準で変数を採択。推定便益の上段は追加費用の上限を 50 万円、下段は 100 万円とした場合。

次に、上で得られた両対数の訪問率方程式を用いて、宿泊型訪問者にとっての霧多布湿原の年間総便益を推定する。通年と特定時期のゾーン i の訪問率方程式は、M を採択された変数の数とすると、それぞれ、

$$VR_i = TC_i^{\beta i1} \times \exp\left(\beta_{i2} INC_i + \sum_{m=3}^{M-1} \beta_{im} X_{im} + \beta_{iM}\right) \quad (2\text{-}4)$$

$$VR_i = TC_i^{\beta i1} \times INC_i^{\beta i2} \times \exp\left(\sum_{m=3}^{M-1} \beta_{im} X_{im} + \beta_{iM}\right) \quad (2\text{-}5)$$

となる。ここで、X は旅行費用 TC と課税対象所得 INC を除く採択された説明変数である。β は推定されたパラメータであり、このうち β_{iM} は定数項である。この式に各ゾーンの世帯数を掛け、旅行費用に追加費用を加えていくと、追加費用に対応する訪問世帯数が得られる。この追加費用と訪問世帯数の組み合せによって描かれるのがそのゾーンの旅行需要曲線であり、その下側の面積がサイトに対するそのゾーンの便益(消費者余剰)を表す。これをすべてのゾーンについて計算し、総和することで、サイトの総便益が計算される。

図2-2は、追加費用を100万円まで加えた場合の、追加費用とサイトへの総訪問世帯数(すべてのゾーンの訪問世帯総数)を描いたものである。追加費用は1万円ずつ加えた。追加費用が100万円の範囲ではチョーク・プライスは存在しなかった。これらの旅行需要曲線を図2-2に示す。

推定された便益は、追加費用が50万円までのとき、通年、特

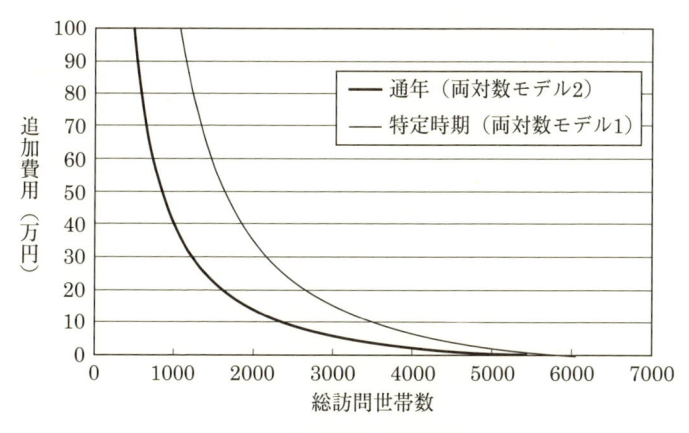

図 2-2 霧多布湿原の旅行需要曲線

定時期がそれぞれ約9億円と14億円、追加費用が100万円までのときが約12億円と20億円であった（表2-3〜2-4）。本章のケースでは、このように特定時期の推定便益が通年のほぼ6割増しになった。

霧多布湿原を評価した先行研究として、吉村他［1999］がある[17]。これはCVMを用いて支払意志額を計測したものであり、訪問者にとっての経済価値は約10億円と推定されている。本章のケースでは、チョーク・プライスが非現実的な値となるため、追加費用の最大額をどのように設定するかによって推定便益は変化するものの、吉村他［1999］の結果と比較しても、妥当な推定便益であると考えられる。

3. 複数目的地の問題

北海道の旅行では、一度に複数か所を訪問する旅行が一般的である。しかしながら、宿主へのヒアリングによると、宿泊施設が湿原内に立地していることなどからリピーターが多く、その約7割は湿原への訪問のみを目的としている。このことに加え、本章のデータでは霧多布湿原のみが目的地か否かがそもそもわからないため、複数目的地の問題を修正する手続きはとっていない[18]。

一般に、サイトに隣接した地域からの訪問であれば、複数目的地を持つ訪問者は僅少であり、ある程度遠方からの訪問者になると複数目的地を持つ可能性が高くなると考えられる。複数目的地がある場合、適切に修正しなければ、サイトの推定便益を過剰に評価することになる。このため、遠方の訪問者をより多く含む特定時期の方が推定便益が高くなった理由の1つとして、本章では、複数目的地の問題を修正していないためという可能性が考えられる。

そこで、宿泊カードをみてみると、霧多布湿原を内包するか近くに位置しており、複数目的地を持つ旅行者が少ないであろうと予想される根室、釧路、網走支庁からの訪問者数は、通年、特定時期とも全訪問者の約5%に過ぎない。さらに、北海道全体に占める石狩支庁からの訪問者は通年が約6割、特定時期が約5割である。石狩支庁からの距離を考えると、これらの訪問者の多くは道外からの訪問者と類似した複数目的地を持つと予想できるであろう。以上から、通年と特定時期とで複数目的地を持つ旅行者の割合は、さほど違いがないと考えられる。

第4節　おわりに

　本章では、宿泊者データを用いることにより、現状では費用面から適用が制限されがちであるトラベルコスト法をより広汎に適用しうることを指摘し、霧多布湿原の便益を実際に計測した。さらに、これまで検討されていなかったオンサイト調査に関する問題点について考察した。

　その結果、本章の事例では、1年の特定の期間のみのオンサイト調査では、便益が過大あるいは過小に評価される可能性があることが示唆された。特に、訪問者数が少ないと予想されるサイトでは、調査効率を高めるために訪問者が多くなる時期に調査をおこないがちであるが、そこで得られた結果を年間の便益とみなせるかは個別に検討する必要があると考えられる。

注
1) 幡他 [1993] によれば、市場財が非本質財である（すなわち、市場財の価格が十分に高くなると補償需要がゼロになる）ことと、市場財が消費される場合のみ環境財は家計の効用に影響する、という2つの関係が成立するときに、この市場財は環境財に対し弱補完性を持つという。弱補完性が成立するなら、環境財の供給量の変化が家計に及ぼす影響を、この環境財と弱補完する市場財の需要により測定できる（詳しくは、幡他 [1993]、Kolstad and Braden [1991] を参照）。
2) Shaw [1988] が指摘しているように、オンサイト調査では、このほかにデータが整数値になる、訪問回数が常に1回以上になり、0回の人の情報が切断（truncation）される、訪問回数が多い人ほど調査対象者として選

ばれやすくなる内生的層化（endogenous stratification）が生じるといった問題があり、結果として旅行需要関数にバイアスが生じうることが従来から指摘されている。もっとも、この問題は、1990年代以降は計数データモデルの適用などにより改善されてきている。
3) 宿泊カードを用いた場合には、近隣居住者の訪問が除外されてしまうという問題が考えられる。行楽地ならば近隣から日帰りの訪問者が多数訪れると考えられ問題となりうる。だが、霧多布湿原の場合、近隣から湿原の訪問を目的に来る人は稀だと推測されるので、除外することによる問題は少ないと考えられる。
4) 本章では協力が得られた1軒データを用いている。この1軒は業態（民宿等）、宿泊料金、経営規模（宿泊者数）などの面で、浜中町における一般的な宿泊施設とみなすことができる。よって、この宿泊施設は14軒を代表するものとみなして差し支えないと考えられる。
5) 宿泊日数は1日が約7割で、3日以内まででほぼ100%を占める。宿泊日数が9日の世帯が1つあったが、他のサンプルと比べて旅行費用が極端に大きな値となるため、削除した。
6) 特に6月下旬から7月にかけては、湿原はワタスゲの白い果穂で覆われるとともに、ゼンテイカ、クシロハナショウブなどの多彩な花で彩られ、最も花が美しい時期とされている（辻井他［2002］）。
7) 自治省のリーディングプロジェクトである「自然とふれあいの里づくり事業」により建設され、1993(平成5)年に開館した。霧多布湿原に隣接した立地で、霧多布湿原に関する施設としては唯一のものであるため、訪問者の動向をよく反映していると考えられる。
8) プライバシー保護の観点から、名前の書き取りを差し控えたため、訪問回数が不明である。そもそも、特に道外からの訪問者は同一年に複数回の訪問をするとは考え難いこと、複数回訪れる訪問者の中には宿泊場所を変える訪問者が存在しうること、1人あたり訪問回数が小さい場合にはゾーントラベルコスト法の方が個人トラベルコスト法よりもバイアスが小さい推定便益（消費者余剰）を得るケースが多いこと（Hellestein［1995］、加藤［1999］）から、ゾーントラベルコスト法を用いるのがより適切である

と考えられる。
9) 訪問者がない自治体は、先行研究では様々な扱いがなされている。例えば、吉田他［1997］や田中他［2002］では、クラスター分析を用いて統合する自治体を決める方法が採られている。約半数が訪問者なしであったHellerstein［1991］のケースでは、ポアソン回帰モデル等の計数データモデルが用いられている。本章では統合の必要がある自治体数が少なくかつ全国に分散していたため、サイトからの距離が近いもの同士を統合した。ゾーンによってはサンプル数が1となったが、吉田他［1997］と同様に、サイトを統合することにより距離の違いの幅が大きくなることを避けるという理由から、さらなる統合はおこなわなかった。
10) 船舶による移動も可能であるが、釧路空港または釧路駅までは全員が飛行機、バス、電車を利用すると仮定した。旅行費用はYahoo Japanの路線情報（http://transit.yahoo.co.jp/）で検索されたもののうち最小のものとした。ただし、たとえ旅行費用が最小であっても到着までに宿泊を要すると判断される場合には、宿泊を要しない経路のうちで最小な旅行費用を採用した。
11) これらの先行研究のいくつかは、アンケートの結果をもとに変数を作成しているため、本章ではそれに対応する変数が得られないケースがあった。また、Hellerstein［1991］における失業率と類似する変数として有効求人率、大学学位所得者の割合として大学等への進学率、低収入家庭の割合として生活保護世帯の割合を用いた。
12) 厚生労働省［2001］の「所定内給与額」を「所定内実労働時間」で除した値を時間給とした。時間の機会費用は、しばしば時間給を割り引いた値に設定される。佐藤他［1994］、田中他［2001］をはじめわが国の先行研究の多くは割引率を3分の1に設定しているため、本章でも3分の1で割り引いた値を時間の機会費用とした。
13) ゾーントラベルコスト法での便益の推定方法としては、本章で用いる追加費用を加える方法の他に訪問率方程式から各ゾーンごとの便益を求める方法がある（例えばLoomis and Walsh［1997］、Ward and Beal［2000］を参照）。どちらの方法によっても同じ便益額が得られる。例えば、林野

庁［1997］参照。
14) オンサイト調査の期間は数日～1週間程度が一般的と考えられる。しかし、このような短期間を設定すると、本章のケースではデータ数が極端に少なくなる。そこで、道外からの訪問者数が多くなる最初の2か月であり、かつ注6で指摘したように、最も湿原が美しくなる時期である6、7月を特定期間とした。
15) 推定には京都大学大学院農学研究科生物資源経済学専攻食料・環境政策学分野所有のEviews3.1を用いた。
16) 問題に対処する方法として、Bowes and Loomis［1980］およびStrong［1983］は、各ゾーンの総人口をウエイトとする加重最小二乗法を用いる方法を示している。
17) 吉村他［1999］論文は、ウェブサイト上のものを参照した。
18) 複数目的地の問題が発生しうる場合には、田中［2001］によると、総旅行費用を各目的地に配分する、旅行全体の消費者余剰を各目的地に配分する、複数の目的地の需要関数を方程式体系で分析する、標本を削除するなどの方法が採られている。だが、田中［2001］も指摘するように、これらの方法は必ずしも適切とはいえない。例えば、複数目的地の標本を削除したケースでは、便益の推定額が50%以上過小評価されるケースなどが報告されている（Mendelsohn *et al.* ［1992］、Loomis *et al.* ［2000］）。

第3章

フグ漁業に見られる漁獲対象魚種変遷の経済的分析

第1節　はじめに

　フグ漁業は1888（明治21）年に伊藤博文が「違警罪即決令」によるフグ食用禁止を山口県で解除したことを契機に広まり[1]、現在では西日本各県を中心に操業され、その大半は山口県下関市の南風泊市場に水揚されている[2]。日本近海には約40種類のフグが生息しており[3]、南風泊市場における取扱高では、トラフグ、カラス、マフグ（ナメラフグ）、シマフグ、サバフグ類、ナシフグの水揚量が多くなっている[4]。

　これらのうち、トラフグ、カラス、マフグ、シマフグは主にフグ料理の材料に、サバフグ類、ナシフグは主に加工用に用いられてきた[5]。しかしながら、南風泊市場でのヒアリングによると、近年、フグ類の漁獲量が激減していることを受けてサバフグ類やナシフグもフグ料理の材料として用いられるようになっている。

　フグ類が資源枯渇傾向にあることは、漁獲物の小型化ないしは

水揚魚齢の低下、漁期の長期化、漁獲量の減少などから伺われる。通常、資源枯渇に陥った場合、漁獲能率の低下から漁獲費用が増加するとともに漁獲収入が減少し、生産者は退出を余儀なくされる。実際には、そのような事態に陥らないよう自主規制など何らかの資源保護策が講じられるであろう。

しかし、フグ類の場合、主漁場である東シナ海や黄海、あるいは日本海が国際的入会地的な性質を持つとともに、日本の沿岸でも外国漁船の違法操業が絶えなかったために、生産者の間にフグ資源保全のインセンティブが欠けてきた。そのため、自主規制などの形での有効な資源保護策がなされずフグ類が激減したという制度的不備が一般に指摘されている[6]。

他方で、需給面からみると、トラフグ、カラス、マフグなどはフグ料理の材料として互いに代替財[7]の関係にあると考えられる[8]。また、フグ類は高価な魚種であり奢侈品だと考えられる。このため、需要の価格弾力性は大きいと予想される。供給関数として水揚量を通る垂直な直線を考えると[9]、需要の価格弾力性が大きいほど水揚量の減少に伴なう生産者の収益の低下が大きくなる。したがって、通常ならば需要の価格弾力性が大きい魚種に対しては、生産者はより資源保護的になると考えられるであろう。特にフグ類の場合は単価が高いことから、資源保護の効果は高いと考えられ、積極的な資源保護策が採られてしかるべきである。

だが、実際にはフグ類はカラス、マフグ、トラフグが相次いで資源枯渇に陥っている。例えば、外海域における山口県の生産者

によるフグ漁獲量は1999(平成11)年には631tであったが、これは最高時である1973(昭和48)年の5,722tの僅か11%にすぎない。

このように、上述の議論と反してフグ類の総漁獲量が減少し続けているのは、減少したフグと移行するフグとは代替財の関係にあるためと考えられる。あるフグが減少した場合、そのフグの資源水準を高めて収益を改善しようとすると資源回復までの時間ロスが生じる。前述の通りフグ類の場合は有効な資源保護策が容易に取れる状況にはなかったことを考慮すると、ひとたび資源水準が低下すると回復までにはかなりの時間を要すると予想される。しかし、市場において代替する財（別のフグ）が存在するならば、それを漁獲し供給することで生産者は収益を維持でき、市場の需要も満たされることになる。代替する財が存在すると消費者の需要は満たされることから、漁獲量の減少に対する問題意識はあまり高まらず、現状が容認されがちになると考えられる。

当然、その背景として、生産者は特定のフグ（例えば、カラス）を集中して漁獲し、漁獲量が減少したら資源保護をおこなわなくても次のフグ（例えば、トラフグ）を漁獲するという対応が技術面等で可能であることが指摘できる[10]。

すなわち、フグ漁では資源保護策が採られにくい状況にあることに加え、漁獲対象となってきたフグに代替財が存在するために、当初は、生産者は特定のフグの資源水準が悪化しても資源保護策を採らずに代替する次のフグを漁獲するという対応が可能であったと考えられる。だが、その結果、フグ類は順次資源枯渇に

陥ったのだといえるであろう。

そこで本章では、上述の内容を実証的に裏付けるために、まず次節で漁獲対象魚の変遷についてまとめる。続く第3節では実際に南風泊市場の水揚量データからフグ類各種の需要曲線を導出し、交差弾力性を計測することにより漁獲対象とされているフグ類の相互関係を検証する。第4節では、代替する種への移行がどのようになされるかを考察する。最後に第5節で、本章で得られる結論をまとめる。

第2節　漁獲対象魚種の変遷の整理

南風泊市場に水揚されている主なフグ類は、カラス、マフグ、トラフグ、シマフグ、サバフグ類、ナシフグであり、この他に養殖物(トラフグ)がある。これらの漁獲量、出荷量を示したのが図3-1である。ただし、シマフグ、サバフグ類、ナシフグはこれら以外のフグとともにその他のフグとして示してある。カラスとトラフグは1968(昭和43)年以前には同じ銘柄で扱われていたが、大半はカラスであったと考えられる[11]。

養殖物の出荷高は1987(昭和62)年頃から増加し始め、1989(平成元)年には天然物のトラフグの水揚量を抜いて、現在では市場のフグ類のかなりの部分を占めている。養殖物は天然物のフグの価格を反映してほとんどがトラフグであると考えられるが、価格は天然物の3割程度である。

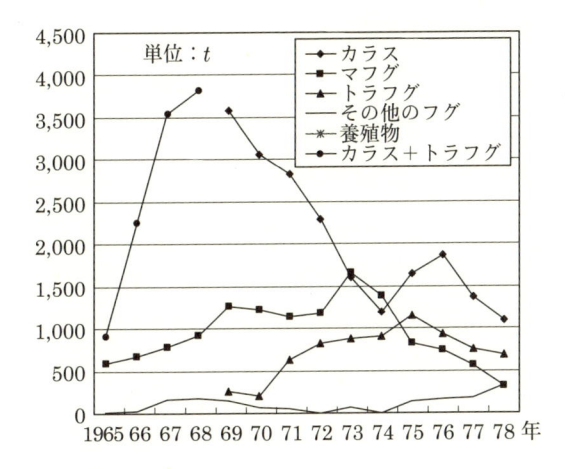

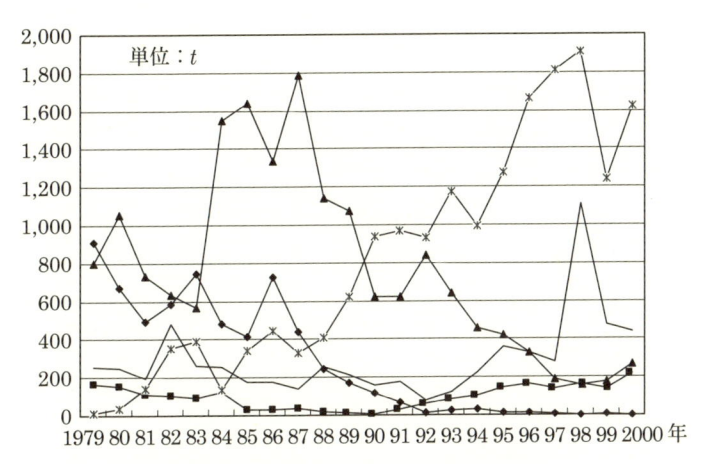

図 3-1 フグ類の水揚量、出荷量の変遷

出典：藤田矢郎『日本近海のフグ類』（社団法人日本水産資源保護協会、1988年）、下関市卸売市場の『市場年報』、下関唐戸魚市場株式会社『魚種別取扱高表』

次に、天然物の水揚量の変遷をみるために、カラス、マフグ、トラフグ、その他のフグの水揚量が全体に占める割合をみたものが図3-2である。データの制約により、1969(昭和44)年以降を示した。この図から、当初7割近くを占めていたカラスは減少の一途を辿り、1992(平成4)年以降はほとんど水揚されていないこと、カラスの水揚量の減少に伴ない当初はマフグの水揚が微増したが、1975(昭和50)年頃からは次第にトラフグが水揚の中心となったこと、しかし、平成に入ってからトラフグの水揚量は減少し、これに従ってマフグとその他のフグの漁獲量が増加してきていることがわかる。

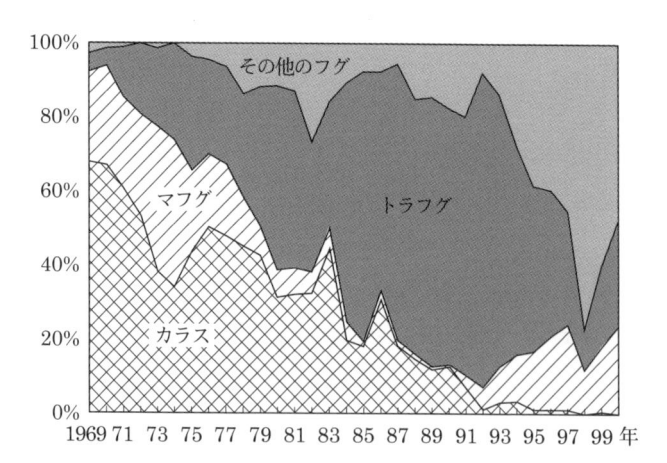

図3-2 カラス、マフグ、トラフグ、その他のフグの水揚比率
出典：藤田矢郎『日本近海のフグ類』(社団法人日本水産資源保護協会、1988年)、下関市卸売市場の『市場年報』、下関唐戸魚市場株式会社『魚種別取扱高表』

第3章 フグ漁業に見られる漁獲対象魚種変遷の経済的分析 73

すなわち、漁獲の中心は、

　カラス（＋マフグ）→ トラフグ → その他フグ（＋マフグ）
のように変遷しているといえよう。

　価格からみると、最も高値が付くトラフグが最優先に漁獲されると考えられる。だが、実際には初期にはカラスに漁獲が集中した。その理由としては、カラス漁ではトラフグ漁に用いられる底延縄に比べて準備が少なくてすみ操業が容易な浮延縄を用いていたため、表層に分布するカラスが漁獲の中心になったことが指摘できるであろう[12]。

　トラフグについては、近年では漁期が延び産卵期にも操業されるようになったため、産卵期に海面近くに上昇してくるトラフグがスジ縄によって大量に漁獲されることが問題となっている。また、1986(昭和61)年以降に優秀な卓越年級群が出現していないことや外国漁船の違法操業、とりわけ底曳網漁業による混獲によって、平成に入ってからは資源水準が極度に悪化している。

　マフグについては1979(昭和54)年頃以降水揚量の減少が続いていたが、これは乱獲によるものとは考えられない[13]。近年、マフグの水揚量が増加しているのは、トラフグの水揚量の減少を受けてマフグを漁獲対象にする生産者が増加しているためだと考えられる。例えば、外海におけるフグ漁業の中心地の1つである山口県萩市の越ヶ浜漁協では、1994(平成6)年頃よりトラフグ漁が不振な場合はマフグも漁獲対象にしているという。

　最高値が付く天然物のトラフグ水揚量が減少し、次に高級とされるカラスはトラフグを対象に操業している際に混獲程度でしか

獲れないことから、近年では漁獲対象魚がマフグやサバフグに移行しつつある。越ヶ浜漁協での取材によると、トラフグの資源水準の低下に対し、マフグだけではなく、漁場や漁法は異なるもののシロサバフグやカナフグといったサバフグ類に漁獲対象魚を移行するとしている。

資料の制約はあるものの、表3-1に1985(昭和60)年頃までのフグ類の漁法、漁場、分布海域等をまとめておく[14]。カラス、マフグ、トラフグは主に延縄により漁獲されていると考えられる。

表3-1 南風泊市場に水揚される主なフグ類の特徴

	トラフグ	カラス	マフグ	シマフグ	サバフグ類	ナシフグ
従来の用途	ふぐ料理	ふぐ料理	ふぐ料理	ふぐ料理	加工用	加工用
従来の主な漁法	底延縄、ひっかけ釣、小型底曳網	大半が浮延縄	底延縄、以西底曳網、まき網	以西底曳網	以西底曳網、ひっかけ釣、ふぐかご	以西底曳網
分布海域	太平洋側では室蘭以南、日本海西部、黄海、東シナ海	主として東シナ海、黄海。まれに本州中部以南	サハリン以南の日本海、北海道以南の太平洋側、黄海、東シナ海	相模湾以南、黄海、東シナ海	九州から北海道南部の太平洋側、九州西・北岸、東シナ海、南シナ海、インド洋	瀬戸内海、九州西岸、黄海、東シナ海
従来の主な漁場	黄海、東シナ海、西日本沿岸、瀬戸内海	黄海、東シナ海	黄海、東シナ海	中国沿岸、東シナ海	九州沿岸、東シナ海	黄海、東シナ海
全長	80cm以上	50cm	50cm	60cm以上	40cm	30cm

出典：厚生省生活衛生局乳肉衛生課編『改訂日本近海産フグ類の鑑別と毒性』（中央法規出版、1994年)、藤田矢郎『日本近海のフグ類』（社団法人日本水産資源保護協会、1988年）をもとにまとめた。

注：食用されるサバフグ類には、通常クロサバフグ、シロサバフグ、カナフグが含まれる。ここではクロサバフグについてまとめた。

延縄には浮延縄と底延縄があり、前者は主としてカラスを対象に、後者はマフグとトラフグを対象に操業されてきたが、近年では太刀魚に用いられていた漁具を改良したスジ縄が導入されている。スジ縄は浮かせて流すために効率がよく、また従来の延縄に比べて安価であり、さらに扱いが容易であることから急速に広まるとともに、長崎県や佐賀県の生産者のフグ延縄漁業への新規参入をもたらした。このため、現在ではこれら3種は主としてスジ縄により漁獲されていると考えられる。

また、シマフグ、サバフグ類、ナシフグについては以西底曳網等により漁獲されていると考えられる。さらに、前述のように、サバフグ類は近年では延縄漁業による生産者の一部が漁獲対象としていると考えられる。

これらのことから、フグ類の漁獲を延縄漁業の生産者の動きからみると、漁獲の対象はカラス（＋マフグ）→トラフグ→マフグ→サバフグ類のように変遷していると考えられる。

第3節　漁獲対象魚種の変遷の実証分析

本節では需要曲線を導出することによって漁獲対象となっているフグ類各種の間の関係等を実証的に検討する。以下では、初めに需要曲線の導出について述べ、次にその結果をまとめる。

1. フグ類の需要曲線の導出

　需要曲線は、カラス、マフグ、トラフグ、シマフグ、サバフグ類、ナシフグ、養殖物についてそれぞれ導出した。データは下関市卸売市場の『市場年報』に記載の「品目別・月別・産地別取扱高表」における南風泊市場の水揚高を用い、一部データが欠如した部分は下関唐戸魚市場株式会社の『魚種別取扱高表』の南風泊市場の水揚高によった[15]。

　フグ料理の材料として用いられるカラス、マフグ、トラフグ、シマフグは銘柄（活魚、〆（シメ）、冷凍など）によって価格に大きな違いがみられる。水揚の中心であり、市場で重視されるのは活魚であることから、これらについては活魚のデータを用いた。サバフグ類、ナシフグ、養殖物については全銘柄の合計を用いた。1979（昭和54）年以前はカラス、マフグ、トラフグ以外のフグ類の漁獲量が一括されているため、分析には1980（昭和55）年から2000（平成12）年までの21年間の月別データを用いた[16]。

　ところで、上述の『市場年報』および『魚種別取扱高表』ではトラフグを除くフグ各種で漁獲が1t未満の月が存在しデータが欠損している（あるいは存在しない）。このような欠損値（missing data）の対処法としては欠損値を含む月のデータを除外することが考えられるが、この方法を採った場合、本章で用いたデータではサンプル数が大幅に減少する。また特に夏季のデータに偏って失われることが問題になりうると考えられる。

　このため、以下の方法で欠損値を補填することにした。本章のデータにおける欠損値は、基本的に水揚高がゼロないしはほぼゼ

ロのケースである。よって、価格と水揚量の間に線形関係を仮定するなら、水揚量がゼロのときの価格はこの直線が縦軸（価格の軸）と交わる点で近似できると考えられる。そこで、それぞれのフグごとに以下の式を用いて価格（単価）と水揚量の関係を求めた[17]。

$$p_i = \alpha_{0i} + \alpha_{1i} h_i + \sum_{t=2}^{12}(\alpha_{ti} D_t) + u_i \qquad (3\text{-}1)$$

i ：フグの種類（カラス、マフグ等）を表す添え字
p_i：月別の実質価格（単価）で総務庁前掲書に記載の消費者物価指数（総合）によりデフレートしたもの
α：推定するパラメータ
h_i：月別の水揚量
D_t：1月から11月を表すダミー変数（t＝2（1月), 3（2月), ……, 12（11月))
u_i：誤差項

推定された式で水揚量＝0とすると、p_iは12月の水揚量＝0の時の推定価格を示し、その他の月の推定価格はダミー変数D_tの値を加減することで得られる。推定には欠損値を除いた残りのデータを用い、最小二乗法によりおこなった[18]。

こうして得られた推定価格で欠損値を補填した。ここで得られた推定価格は推定に用いたデータの平均値と解釈できる。フグ類の価格は長期的にはトレンドを有しているため、各時点におい

てトレンドを反映するように重み付けした値を用いることが望ましいと考えられる。しかし、トレンドをどのように把握して重み付けに反映するかという問題があり、ここでは時期にかかわらず同一の推定価格を用いた。

以上の作業により 12 か月×21 年間のデータセットを用意し、次のような需要関数を想定した[19]。

$$Ln(h_i) = \beta_{0i} + \beta_{1i}Ln(p_i) + \beta_{2i}Ln(Y) + \sum_{r=3}^{8}[\beta_{ri}Ln(p_{ri})]$$
$$+ \sum_{s=9}^{19}(\beta_{si}D_s) + \beta_{20i}D_{20} + \beta_{21i}D_{20}Ln(Y) + v_i \qquad (3\text{-}2)$$

i ：需要曲線を推定するフグの種類（カラス、マフグ等）を表す添え字

r ：代替財の種類（$r \neq i$）

h_i ：月別の水揚量で、2000（平成 12）年の人口を 1 と基準化した時の各年の人口比率で調整したもの

p_{ri} ：代替財の実質価格（単価）で、総務庁前掲書に記載の消費者物価指数（総合）によりデフレートしたもの

Y ：総務庁前掲書に記載の「1 世帯当たり年平均 1 か月間の消費支出額」を総務庁前掲書に記載の消費者物価指数（総合）によりデフレートしたもの

β ：推定するパラメータ

D_s ：1 月から 11 月を表すダミー変数（s＝9（1 月），10（2 月），……, 19（11 月））

D_{20}：バブル崩壊前（$D_{20}=1$）か崩壊後（$D_{20}=0$）を表すダミー変数
v_i：誤差項

対象とした1980(昭和55)年から2000(平成12)年は、バブル経済とその崩壊後を含むため、構造変化が生じている可能性がある。そこでこの需要関数を用いてチョウ検定をおこなったところ、シマフグを除くすべての種類で、「構造変化がない」という帰無仮説は1％水準で棄却された[20]。このため、シマフグ以外の需要関数の推定では、上記の変数に加え、バブル崩壊前（1980－1991年）か崩壊後（1992－2000年）を表すダミー変数と、このダミー変数と所得との交差項を加えた。

需要曲線の推定は最小二乗法でおこなった[21]。補完財となったものは変数から除去して推定し直した。その結果をまとめたのが表3-2である。

2. フグ類の漁獲対象魚の変遷と代替関係

表3-2に示したとおり、所得弾力性からみて、マフグとシマフグ、ナシフグが下級財、その他は上級財で、所得弾力性が1より大きいことから奢侈品となった。次に、価格弾力性は、いずれのフグでも負の値を示し、符号条件を満たしている。その絶対値は、ナシフグ以外は1を超えており、価格弾力的である。前述したような垂直な超短期の供給曲線を前提にすると、消費者の総支出額は生産者の総収益に一致する。需要曲線が価格弾力的であれ

表 3-2 需要曲線の計測結果

	カラス	マフグ	トラフグ	シマフグ	ナシフグ	サバフグ類	養殖
価格弾力性	−1.43*** (弾力的)	−2.49*** (弾力的)	−1.58*** (弾力的)	−2.3*** (弾力的)	−0.57 (非弾力的)	−4.1*** (弾力的)	−1.2*** (弾力的)
所得弾力性	4.08 (奢侈品)	−11.2** (下級財)	2.54** (奢侈品)	−17.6*** (下級財)	−6.7 (下級財)	1.4 (奢侈品)	12.6*** (奢侈品)
カラス	−	代替財	代替財	代替財	補完財	補完財	代替財
マフグ	代替財	−	代替財	代替財	補完財	補完財	代替財
トラフグ	代替財	代替財	−	代替財	代替財	代替財	代替財
シマフグ	代替財	代替財	代替財	−	補完財	代替財	代替財
ナシフグ	補完財	補完財	代替財	代替財	−	代替財	代替財
サバフグ	代替財	代替財	代替財	代替財	補完財	−	補完財
養　殖	代替財	代替財	代替財	代替財	補完財	代替財	−
決定係数	0.86	0.64	0.88	0.48	0.34	0.52	0.65

注1：* は 10%、** は 5%、*** は 1% 水準でそれぞれ有意
注2：サンプル数はいずれも 252（12か月×21年間）
注3：代替財、補完財は縦軸で見る。例えば、ナシフグからみてトラフグは代替財だが、トラフグから見てナシフグは補完財である。
注4：価格弾力性の符号条件（価格弾力性＜0）は全てのフグで満たされている。
注5：カラス、マフグ、トラフグ、シマフグは活魚、サバフグ、ナシフグ、養殖は全銘柄の合計をデータとして用いた。

ば、供給量の低下とともに生産者の総収益も消費者の総支出額も減少することになる。

　マフグ、シマフグ、サバフグについては、価格弾力性がかなり大きくなっており、また決定係数がやや低い。このような結果が得られた原因として、欠如変数バイアス（omitted variable bias）が生じていることが考えられる。このため、需要を説明する要因が明らかになった場合には、価格弾力性の値は異なったものになる可能性がある[22]。

第3章　フグ漁業に見られる漁獲対象魚種変遷の経済的分析　*81*

　次に、フグ類各種の相互の関係をみると、フグ料理の材料とされるカラス、マフグ、トラフグ、シマフグは相互に代替財の関係にあることがわかる。また、これらのフグから見てサバフグは代替財となっている[23]。

　漁獲対象魚の変遷は生産者の動きで決まるが、それを説明する要因の1つは単価であると考えられる。図3-3はフグ類の単価の分布を示したものである。これによると、フグ類の価格は、トラ

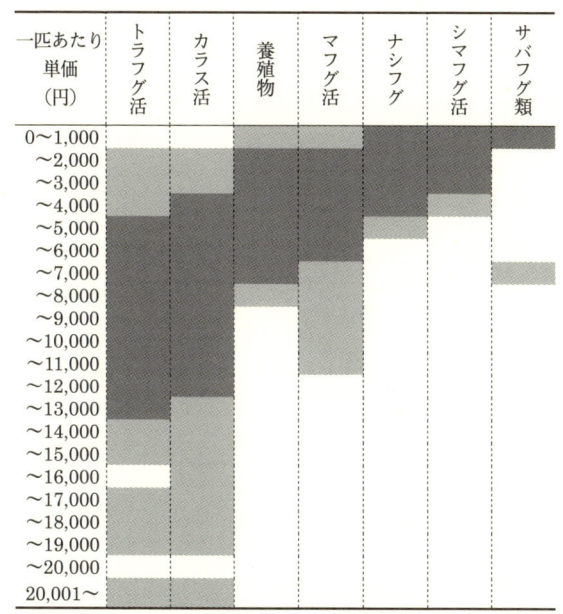

一匹あたり単価（円）	トラフグ活	カラス活	養殖物	マフグ活	ナシフグ	シマフグ活	サバフグ類
0〜1,000							
〜2,000							
〜3,000							
〜4,000							
〜5,000							
〜6,000							
〜7,000							
〜8,000							
〜9,000							
〜10,000							
〜11,000							
〜12,000							
〜13,000							
〜14,000							
〜15,000							
〜16,000							
〜17,000							
〜18,000							
〜19,000							
〜20,000							
20,001〜							

出典：下関市卸売市場の『市場年報』、下関唐戸魚市場株式会社『魚種別取扱高表』
注1：濃い網掛けは、その価格帯が全体に占める割合が5%以上、薄い網掛けは、その価格帯が全体に占める割合が5%未満で0%よりも大きい。
注2：カラス、マフグ、トラフグ、シマフグは活魚、その他は全銘柄の単価を使用。

図3-3　フグ類の単価の分布

フグ（活）→ カラス（活）→ マフグ（活）→ ナシフグ → シマフグ（活）→ サバフグ類の順に安くなっている。マフグ（活）からみたナシフグとナシフグからみたシマフグは補完財となっているものの、他はすべて矢印の始点のフグに対して終点のフグは代替財となっている。よって、高価格層では、より安いフグに移行することは代替財への移行になっている。

　実際の漁獲対象魚の変遷は、先述のように延縄漁業に関してはカラス→トラフグ→マフグ→サバフグ類のように変遷していると考えられる。このケースでも常に代替財への移行となっている。

　これらをもとに、フグ類の漁獲対象魚の変遷と代替関係をまとめたのが図 3-4 である。

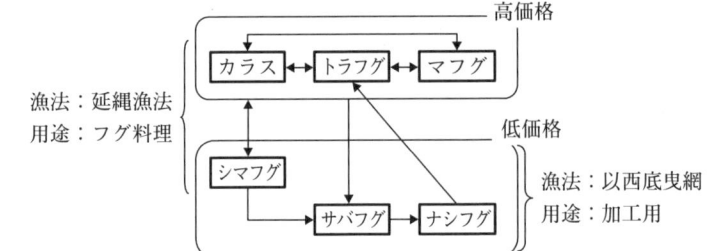

注：→は矢印の始点のフグにとって矢印の終点のフグが代替財であることを示す。

図 3-4　フグ類の代替関係

第4節　代替する種への移行に関する分析

　以上では、漁獲対象となっているフグに代替財となる他のフグが存在することを実証的に示した。このことは、生産者が現在漁獲しているフグ資源の水準が悪化しても適切な資源保護策を講じることなく次のフグを漁獲するという対応が可能であることを意味する。以下では、このような生産者の対応についてさらに検討したい。

　まず、価格弾力性が大きいということは、供給量の減少が生産者の大幅な収入減をもたらすことになる。これに対し生産者は以前に近い収入を得るために新しいフグを漁獲対象にする。しかしながら、移行先のフグはより小型で市場評価が劣るフグであることから、移行によってむしろ収入が減少することも考えられる。

　このことをみるために、次のような簡単な例を考えてみよう（図3-5参照）。簡単化のために代表的な生産者（意思決定を同一にする生産者の集合体）を考える。いま生産者は魚種Aを対象に操業しており、その需要曲線D_Aが、

$$D_A: \quad p_A = -\frac{1}{5}h_A + 2 \tag{3-3}$$

で表されるとする。ここでp_Aは魚種Aの価格、h_Aは水揚量である。これまでと同様に超短期の垂直な供給曲線Sを仮定すると、図3-5の下図に示すように生産者の総収入が最大になるのは限界

収入＝0となる$h_A=5$のときで、総収入額は5となる。

次に、資源水準が悪化し、魚種Aの水揚高が減少し、短期供給曲線が左にシフトしてS'になったとする。このとき、魚種Aに対する操業から撤退し新しい魚種Bを漁獲対象にした方が総収入が改善するのはどんな場合だろうか。

移行先の魚種Bの価格は移行前の魚種Aの価格よりも低いと仮定する。図3-5にはそのような需要曲線D_BとD_Cが描かれている。それぞれ、

$$D_B: \quad p_B = -\frac{1}{10}h_B + 1 \tag{3-4}$$

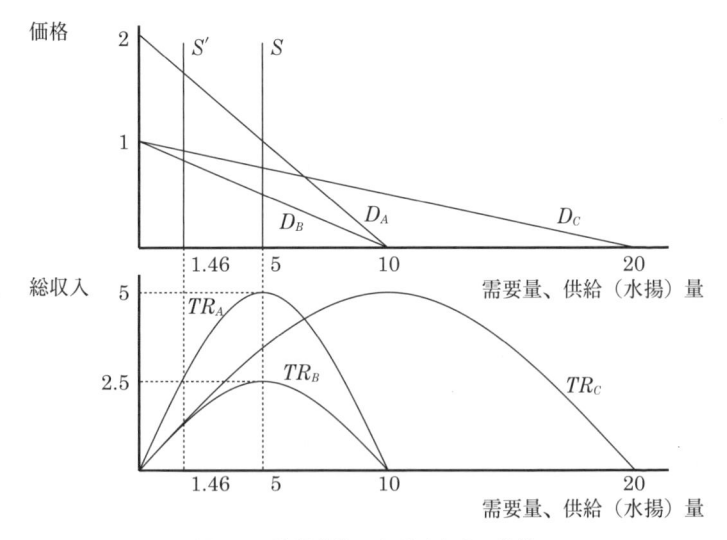

図3-5 移行前後における収入の比較

D_C:　　$p_C = -\dfrac{1}{20}h_C + 1$　　　　　　　　　　　　　(3-5)

である。例えば D_B の場合、総収入曲線 TR_B は常に魚種 A の総収入曲線 TR_A よりも下側に位置しており、移行によって改善がみられるのは、TR_B の最大値より S' に対応する TR_A が低くなるとき、すなわち、

$$h_A < \frac{10-5\sqrt{2}}{2} \fallingdotseq 1.46 \qquad (3\text{-}6)$$

のときである。需要曲線 D_C の場合は生産者が $h_C = 10$ の水揚が可能ならば、S の左側へのどのようなシフトに対しても移行によって常に改善がみられる。一般に、価格弾力的になるほど改善の余地が増す。

　実際には、生産者が複数存在すること、魚種により漁獲能率が異なることなどさまざまな条件の影響を受けて最適な生産者の対応が決まると考えられる。留意すべきことは、新たな魚種に移行することは漁場に関する知識の蓄積（漁場の形成や季節的変化など）がないことや漁法面での不慣れなどといった不確実な要素を有し、リスクを伴なっていると考えられることである。

　よって、ある魚種の資源水準が低下した場合にすべての生産者が新たな魚種に完全に移行してしまうという対応よりも、一部の生産者（または各生産者の漁期の一部で）は移行前の魚種を対象に操業するのが現実の対応であると考えられる。仮に一時的に完全に移行しても移行前の魚種の資源水準が改善すれば、この種は

再び漁獲対象にされるだろう。

　一般に、収益が最大化されるためには各漁区での限界生産が等しくなる必要がある。しかし、実際には「平均生産均等の漁場利用」がなされる結果、収益最大化が実現しないことが指摘されている[24]。すなわち、豊度が高い漁場から漁船が入漁していき、1隻あたりの漁獲量（平均生産性）が等しくなるように漁場が利用される。漁場による魚価の違いがないならば、漁船あたりの収益は一定となる。これは、同一種の漁場における関係である。

　本章のケースは異なるフグの漁場のケースである。この場合には、収益の高い（魚価が高い）漁場から漁船が入漁していき、漁船あたりの収益が等しくなるように漁場が利用されている状態とみなすことができる。すなわち、対象とするフグの種類によって漁獲量は異なるものの、漁船あたりの収益が一定となるという意味で、やはり「平均生産均等の漁場利用」が生じていると考えられる。

　このことから、第1に、フグ漁業では収益の最大化が達成されていないと考えられる。第2に、資源水準が低下した移行前の魚種の資源水準の改善が妨げられると考えられる。図3-1に示したフグ類各種で資源水準が低下した後に改善がみられないのは、以上のような理由からであると考えられる。

第5節　おわりに

　本章では、フグ類の資源状態が悪化した背景として、漁獲対象となっているフグに代替財となる他のフグが存在する間は、生産者は現在漁獲しているフグ資源の水準が悪化しても適切な資源保護策を講じることなく次のフグを漁獲するという対応が可能であったことを、これまでの漁獲対象魚の変遷や漁協におけるヒアリングなどをもとに導いた。

　さらに、このことを実証的に確認するためにフグ類各種の需要関数を求め、フグ類各種の相互関係を明らかにした。その結果、第1に、当初の予測どおり、移行先となるフグは移行前のフグからみて代替財の関係にあることが示された。これまで、カラスやトラフグ資源水準の悪化の原因として様々な指摘がなされているが、本章ではそれらに加え、代替財となる移行先のフグが存在したことが、生産者や消費者の間で資源を保護しようという積極的な動きに結びつかなかったという仮定を立て、実証的に示した。

　第2に、全般的に価格弾力性が大きいことが明らかになった。このため、漁獲量の減少による生産者の収益の減少は大きいと考えられる。現状のように、十分な資源保護策がなされないならば、フグ漁業から退出する生産者が相次ぎ、フグ漁業は衰退の一途を辿ると予想される。フグやフグ漁業が下関市をはじめ山口県の文化と密接に関係していることを考えると、これは大きな文化的な損失を招きかねない。

また、漁船あたりの収益が一定となるように漁場が選択される結果、フグ漁業では収益最大化が達成されていないだけではなく、乱獲に陥ったフグの資源量が回復しないと考えられることを指摘した。逆にいえば、フグ漁業では、適切な管理をおこなうことによって資源回復と収益の増加が可能といえる。価格弾力性が大きいことから、資源回復は収益の改善にかなりの効果を持つと予想される。現状では放流の効果に高い期待が寄せられているが、放流には問題点が指摘されており、フグ漁業ではむしろ資源管理を推進することが必要であると考えられる[25]。

最後に、フグ漁業では水揚量の減少が収益の悪化をもたらして高齢化を加速し、その結果、資源保全のインセンティブが欠如して資源水準のさらなる悪化につながるという悪循環が観察されている。今後は、このような点を考慮しながら、どのような形での資源管理が実行可能であるかを検討していきたい。

注
1) 青木［1995］による。
2) 南風泊市場は下関漁港の分港であり、1974(昭和49)年に開設されて以来フグ専門の水揚港として機能し、全国のフグ水揚量の約8割を扱っている。長崎県阿翁浦漁協での取材では、南風泊市場にフグの水揚が集中する理由として他の魚市場に比べ南風泊市場の方が仲入業者が多いため、豊漁時にも値崩れが起こりにくいことが指摘された。また、下関市がフグの供給地として栄えている理由は、(1) 1888(明治21)年に全国に先駆けてフグが解禁され、フグ料理の歴史が長いため、(2) 漁場に近いためとされている（山口県環境保健部生活衛生課［1986］）。
3) 藤田［1988］による。

4) 下関市卸売市場の『市場年報』に記載の「南風泊市場」における「品目別・月別・産地別取扱高表」による。1986(昭和61)年以前にはショウサイフグの水揚量も多かった。ナシフグは1984(昭和59)年以降記載が始まっている。1980(昭和55)年にはカナトフグ、赤星フグの記載がみられる。
5) 藤田［1988］による。また、清水他［1989］によると、サバフグは干物やみりん干の原料に供される。
6) この他、フグ類の資源枯渇の理由として、トラフグやカラス、マフグを主な対象にするフグ延縄漁業では、1975(昭和50)年に従来の底延縄よりも安価で効率がよいスジ縄と呼ばれる浮延縄が登場したこと、トラフグでは卓越年級群が1986(昭和61)年に最後に出現して以降は未出であることなどが指摘されている。
7) 本章では通常の（マーシャルの）需要関数を用いて考察しているため、代替財や補完財は、厳密には所得効果を除いていない粗代替財、粗補完財の意味である。
8) さらに近年では、養殖物（主としてトラフグ）が天然物のトラフグを上回るほど市場に出荷されている。
9) 漁業では過去の漁獲量が現在の資源量に影響することを考慮すると、供給曲線は特殊な形状をとる（例えば、余剰生産量モデルを仮定した場合はClark［1976］などを参照）。ここでは漁獲されたフグは水揚されてすぐに売却されるという状況を反映して超短期の非弾力的な供給曲線を想定した。オフ・シーズン（夏季）に漁獲されたフグをオン・シーズン（冬季）まで畜養することはあるが、総供給量に比してごく僅かであり無視しうるだろう。
10) これは一般的にいえることだと考えられる。例えばHanna［1997］は「漁業資源は人間の必要量に比べて過剰に存在しているので、漁業資源の開発のパターンは単一資源、単一魚種となりがちであり、生産者は対象としている資源が枯渇し始めると代替的な資源に移行する」と指摘し、また、国際連合食料農業機関編［1967］は「大部分の魚種が過度に乱獲されず、しかも漁獲された魚種を開発した漁船勢力を転換するさきの未開発魚種が

11) 根拠として、藤田［1988］のp.17において、浮延縄が用いられていたこと、海洲湾沖のトラフグ漁場が発見される前の1969（昭和44）〜1970（昭和45）年のトラフグ漁獲量の合計が260tに満たないことなどがあげられている。

12) 藤田［1988］のp.17、天野他［1997］のpp.66-67における指摘による。また、カラスはトラフグよりも分布範囲が狭いということも要因の1つと考えられる（天野他［1997］）。トラフグは産卵期（3月下旬から6月中旬頃）には海面近くに浮上してくるため浮延縄で漁獲することが可能である。だが、以前は産卵期のフグは毒性が高まっていると考えられていたこととフグは旬の魚であると考えられていたことから、春の彼岸を過ぎるとフグ漁は終漁になっていた。

13) 藤田［1988］のp.41における指摘による。

14) 各県等の農林水産統計年報には必ずしもフグの漁獲量は記載されておらず、記載がある場合もトラフグ、カラス等の個別の水揚量や漁法はわからないことが多い。

15) 両者のデータは若干の相違がみられるものの、ほぼ同じデータであると考えられる。

16) フグ類の輸入は、『下関漁港統計年報』、水産庁『水産貿易統計』に記載があり、下関税関支署、山口県下関水産事務局によるデータもあるが、個別のフグでのデータになっていないこと、分析の対象とした期間すべてのデータが得られないこと、大半は冷蔵もしくは冷凍品であると考えられることから、需要量には含めなかった。

17) 当初、フグ類各種ごとに需要曲線を求め水揚量がゼロとなる価格を求めようとしたが、得られた値が現実的とは言い難い大きな値になったため、下記の方法を採った。

18) 本章での推定には株式会社数理システムのS-PLUS 2000を用いた。

19) (3-2)式の水揚量は対数を取っているため、欠損値は1kgとして推定した。

20) シマフグは10%で帰無仮説が棄却される。
21) 本章では欠損値を魚種ごと月別に同一の値で補填していることから、系列相関の検定はおこなっていない。
22) モデルに含まれるべき独立変数がモデルに欠如した場合、この変数がモデルに含まれる他のすべての独立変数と無相関でない限り、他のすべての独立変数の回帰係数の推定値はバイアスを持つことになる。マフグ、シマフグ、サバフグ等に関しては、需要を説明するその他の要因がモデルに欠如した結果、価格弾力性の推定値が大きくなっている可能性がある。
23) 注7で断ったように、本章では粗代替財、粗補完財を用いているため、i番目のフグとj番目のフグの間に$\partial h_i/\partial p_j = \partial h_j/\partial p_i$という対称性は必ずしも成立せず、$i$番目のフグから見て$j$番目のフグが代替財であっても、$j$番目のフグから見て$i$番目のフグが必ずしも代替財とはならない。
24) 長谷川[2002]による。
25) 天野[1996]によると、南風泊市場における放流魚の混獲率は10%を超えており、1991(平成3)年には放流魚という銘柄が作られている(トラフグの場合、種苗生産の過程で尾齧りなどが発生するため、天然物との区別がつきやすい)。漁業の現場では他魚種で放流により資源が回復したことからトラフグ等でも放流に期待が寄せられている。しかしながら、放流は天然魚の遺伝的組成に影響を及ぼしうることが問題視されており、資源水準回復のための最善の方法とは言い難いことに留意すべきであろう。

第4章

複数国が利用する漁業資源の最適管理

第1節　はじめに

　複数の経済主体が同一資源を利用する状況では、資源に対する無制限の自由なアクセス（free access）が可能であれば、各経済主体は自らが将来資源に及ぼす影響を考慮せずに行動する結果、資源の過剰な利用が生じる。これは「コモンズの悲劇」[1]として知られ、市場の失敗の1つである。コモンズの悲劇に対して通常示される解決方法は、所有権（property right）を設定し、権利関係を明確にするというものである。この解決方法は、鉱物資源や森林資源のように、資源が移動しない場合には有効である。だが、魚類のように、資源が移動する場合には、十分な解決策とはならない。

　その理由は、複数の経済主体が魚類のような移動性の資源を利用している場合には、たとえ所有権を設定しても、外部性が生じる可能性が残るためである。例えば、海面漁業を考えてみる。海洋は、領海と公海に区別され、領海内の漁業資源はその国が権利

を持つが、公海にはどの国の主権も及ばず、自由に漁業可能というのが基本である。現在では、1994(平成6)年に発効した国連海洋法条約の下で、条約批准国は排他的経済水域を設定することによって、領海を越えた範囲にいる漁業資源を管理し利用することが可能となっている[2]。

各国は、排他的経済水域にいる漁業資源に対しては権利を主張できる。だが、そうした漁業資源の中には、公海や他国の排他的経済水域にまたがって分布したり回遊するものがおり、トランスバウンダリーな漁業資源 (transboundary fishery resources) と呼ばれている[3]。管理対象とする魚種がトランスバウンダリーな性質を有する場合には、(1) 他国の漁獲が現在の市場価格に影響を与える市場外部性 (market externality)、(2) 他国の漁獲が将来の資源量に影響を与える動的外部性 (dynamic externality、または commons externality)、(3) 魚同士の生物学的な相互関係に起因して資源の過大/過少利用が生じる生物学的外部性 (biological externality) が生じることが指摘されている[4]。

以下では、動的外部性と生物学的外部性を取り上げて考察をおこなう。この問題は、しばしば最適制御問題にゲーム理論を援用して考察されている。最も初期に包括的な議論をおこなったのは Munro [1979] である。Munro [1979] は動的外部性に着目し、ある魚種を2国が同時に利用する状況を想定し、Nash [1953] の2人協力ゲームを応用して協力解の求め方を示した。このモデルは、Armstrong and Flaaten [1991] によって、ノルウェーとロシアが利用するタラ (cod) や、World Bank [1996] によって、

チリとペルーが利用する小型浮魚類（pelagic fish）の事例に適用されている。

Levhari and Mirman［1980］は、非協力の時の均衡を動的クールノー・ナッシュ解（dynamic Cournot-Nash solution）として求め、協力がある場合と比較して資源の定常状態が低くなり、仮定の置き方によっては絶滅しうることを示した。

Fisher and Mirman［1992］は生物学的外部性に着目し、A国が魚種a、B国が魚種bをそれぞれ利用し、魚種aとbが生物学的な相互関係を持つ場合を考察した。想定されたのは、共生（symbiotic）、競争（negative）、被食－捕食（predator-prey）であり、資源の過剰利用（overfishing）もしくは過少利用（underfishing）が生じることを示した。

Fisher and Mirman［1996］は、Fisher and Mirman［1992］の仮定を、両国が両方の魚種を利用するという状況に一般化することで、Levhari and Mirman［1980］とのハイブリッド型のモデルを提示した。その結果、Fisher and Mirman［1996］では動的外部性と生物学的外部性の両方が1つのモデルで考察されている。

こうした一連のモデルでは、経済主体は2つの国家であり、資源利用に差異が生じて紛争が起こる原因は、利子率の相違（社会的割引率の相違）、漁獲した魚などの価格の相違、漁獲費用の違いに求められている。これに対し、Sumaila［1997］は、複数の経済主体を沿岸漁船（coastal vessel group）およびトロール漁船（trawler vessel group）とし、両者は同じ魚種を対象に操業して

いるものの、釣具（fishing gear）、漁場、漁獲対象とする魚齢の面で差異があるという状況を想定した。結論として、付随的支払い（side payment）が実施でき、協力可能という状況では、沿岸漁船が単独で操業した場合に、最大の利益が得られるとしている。

Sumaila[1997]と類似の研究はいくつかあり、いずれもトロール漁船を退出させることが適切という結果になっている[5]。Armstrong[1999]は、こうした結論は現実を十分に認識しないまま解決策を指示したものにすぎないと指摘し、より現実に即した考察をおこなっている。沿岸漁船とトロール漁船が異なる海域で同じ種の成熟魚と未成熟魚を漁獲している状況を想定し、結論として、これまでの研究とは異なり、最適状態でトロール漁船と沿岸漁船の両方が正の漁獲量を得るという結果を示している[6]。

このように、既存の研究は、経済主体として2国を想定し、動的外部性や生物学的外部性が存在する場合を考察するものと、経済主体として異なる種類の漁船を想定し、成熟魚と未成熟魚の相互関係から発生する生物学的外部性を考察するものに分けることができる。実際には、同一資源を2国が利用する場合、成魚と未成魚を別々の経済主体が利用する状況が考えられる。そこで、本章では、Munro[1979]に始まる2国モデルとArmstrong[1999]による2種類の漁船モデルを結合させたモデルを考察する。

2国が2種類の漁船を利用するという状況であるため、リカードの比較生産費理論から、各国が成魚と未成魚とに完全特化する

状況が生じうる。そこで、その条件についても考察する。現実的な状況を想定するため、日本および韓国が利用するトラフグを例にとり、このモデルを用いて、トラフグが資源枯渇に陥った理由について、定性的な考察をおこなう。

以下の構成は次のとおりである。まず第2節でトラフグ漁業の概要を述べ、第3節で Munro-Nash モデルを説明して、モデルを定式化する。第4節で分析の結果を述べ、第5節で考察をおこなう。

第2節　トラフグ漁業の概要

本章では、理論モデルを構築し、それをトラフグ漁業に適用する。トラフグはハタハタやマダラとともに中回遊型魚類に分類され、主に黄海、東シナ海、日本海西部の海域を回遊していると考えられており、日本や韓国が利用している[7]。藤田［1988］および松浦［1997］によると、トラフグの漁場は海水温の低下とともに南下し、1月頃からは、済州島近海で漁場が形成され[8]、3月下旬から九州南部で産卵が始まって次第に産卵場は北上し、5月中旬頃には韓国沿岸（突山島、巨済島）で産卵がおこなわれる。

内田・日高［1990］、内田・伊藤・日高［1990］、松浦［1997］によると、当歳魚は湾口部で越冬後、満1歳の春に沿岸部に移動し、一部は満1歳秋から外海へ移動して成魚同様に季節移動を開始する。オスの一部は満2歳、残りのオスとメスは満3歳で再生産に加入する。ところが、市場で最も kg 単価の高値が付くのは

再生産加入前の2歳魚である。山口県下関市の南風泊市場では、300〜500gのものを小トラという銘柄として扱っており、これは1〜2歳魚に相当する[9]。

こうした状況から、トラフグ資源を日本と韓国の生産者が漁獲しており、済州島では成魚を対象に中型(19t型)漁船が操業し、沿岸部では未成魚(小トラ)を対象に小型漁船が操業している状態を想定することは適当であろう。南風泊市場での取材によると、韓国の総漁獲量の6〜7割は日本に輸出されているため、両国の生産者は日本における需要に直面しており、価格は成魚と未成魚で異なっていると仮定しうるであろう。

ところで、第4章で示したように、近年トラフグの水揚量は大幅に減少し、漁獲されたトラフグの小型化が進むなど、資源状態が悪化していることが伺われる。その原因は、既にいくつか指摘されている。その1つとして、1980年代の漁獲量が過剰であったことが考えられる。得られるデータの制約から、この事実を検証することはできないものの、2歳魚が最も高値が付くという事実から、加入乱獲が生じていた可能性が指摘できる。そこで、本章のモデルで数値シミュレーションを実施し、漁獲量が過剰であったのではなく、漁獲する年齢構成によって問題が生じた可能性があることを示す。

また、日本では、漁業が衰退傾向にあり、トラフグ延縄漁業では、1989(平成元)年頃から大型漁船の採算が採れず、小型漁船による近海〜沿岸操業が中心になっていること、さらには黄海や東シナ海に出漁する人材の確保が難しくなり、また、高齢化の進

行によって沿岸での操業に拍車がかかっていることから、日本は沿岸での操業の方が採算がよい可能性がある。他方で、韓国では、沿岸部での環境汚染が深刻になっており、また、確認されている産卵場も少ないことから、未成魚が少ないと予想され、沿岸での操業よりも近海での操業の方が採算がよい可能性がある。

　日本と韓国を比較すれば、成魚、未成魚とも韓国が絶対優位であると考えられるものの、上述のことから、日本は未成魚に、韓国は成魚に比較優位を持っていると想定しうるであろう。しかし、実際には、完全特化は生じていない。その理由の1つは、トラフグは通常の魚と異なり未成魚の方が高値なためと考えることができる。

第3節　モデルの構築

　本章では、第2章でみた自然資源の管理モデルを2国2魚種モデルに拡張する。基本となるモデルはMunro［1979］およびArmstrong［1999］であり、本章ではこれらを結合したモデルを構築する。具体的には、まず、Armstrong［1999］で用いられた資源動態モデルを用いてMunro［1979］を定式化し直す。次に、Nash［1953］の2人協力ゲームを用いたMunro［1979］の手続きを踏襲して、パレートフロンティアを導出し、成魚と未成魚について最適資源量と持続的捕獲量を導出する。

　本章のモデルに係る主な仮定としては、第1に、Armstrong［1999］の資源動態モデルがトラフグ資源の動態を記述しうるも

のとしている点である。第2に、パラメータの一部が不明であるため、他漁業での値を参考に設定している点、第3に、第2点と関連するが、韓国の漁獲量に関するデータが僅少であるため、日韓の漁獲割合を仮定している点である。

本章のモデルのオリジナリティは、上述のように、Munro [1979] と Armstrong [1999] のモデルを拡張して、より現実に即したモデル分析をおこなっている点、また、その結果、比較生産費理論が適用可能になり、この理論を用いた分析をおこなっている点にあると考えられる。

1. 諸仮定と Munro-Nash モデル

いまある魚種が、未成魚は沿岸部に、成魚は近海に分布すると仮定する。この魚種を対象に、J国とK国の生産者が、沿岸部では小型漁船で、近海では中型漁船で操業しているとする。実際には、産卵期には成魚が沿岸に回遊したり、混獲が考えられるが、単純化のために、中型漁船では成魚のみ、小型漁船では未成魚のみが漁獲されるとする。

J国とK国には、この魚種の管理主体があり、自国の便益の最大化を目的として行動している。Munro [1979] に従い、漁獲物の分配（harvest share）は時間の経過にかかわらず一定と仮定し、また、付随的支払いも実施されないと仮定する。このとき、Munro [1979] のモデルでは、次の2段階の交渉過程が踏まれることになる。

第1段階では、漁獲物の分配率が決められる。ここでは、成魚

のJ国への分配率をα_1、K国への分配率を$1-\alpha_1$、未成魚のJ国への分配率をα_1、K国への分配率を$1-\alpha_1$とする（図4-1）。なお、$0 \leq \alpha_i \leq 1$である。

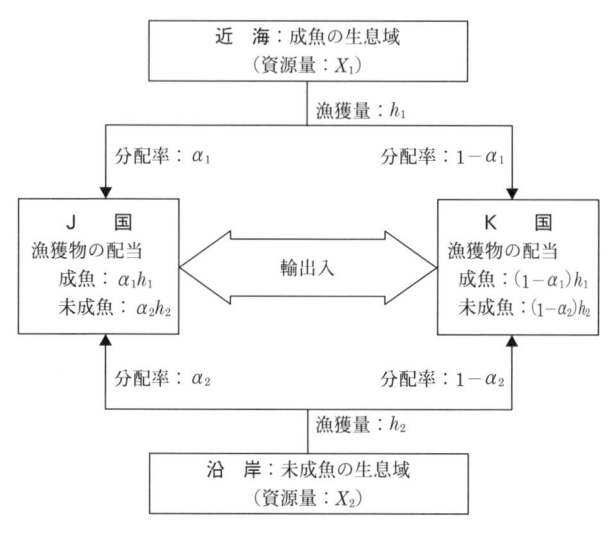

```
           近　海：成魚の生息域
              （資源量：$X_1$）
                     │
                  漁獲量：$h_1$
   分配率：$\alpha_1$          分配率：$1-\alpha_1$
    ┌──────────┐              ┌──────────┐
    │   J　国   │              │   K　国   │
    │ 漁獲物の配当│  ⟺ 輸出入 ⟺ │ 漁獲物の配当│
    │成魚：$\alpha_1 h_1$│         │成魚：$(1-\alpha_1)h_1$│
    │未成魚：$\alpha_2 h_2$│        │未成魚：$(1-\alpha_2)h_2$│
    └──────────┘              └──────────┘
   分配率：$\alpha_2$          分配率：$1-\alpha_2$
                  漁獲量：$h_2$
                     │
           沿　岸：未成魚の生息域
              （資源量：$X_2$）
```

図4-1　モデルで想定する状況の概念図

第2段階では、両国の管理の仕方に対する重み付けがなされる。この重み付けをβとすると、J国とK国の漁獲からの現在割引価値の総和であるPV_JとPV_Kをβで重み付けした目的関数である、

$$PV = \beta PV^J + (1-\beta)PV^K \tag{4-1}$$

を最大化することで、最適な資源量が決定されることになる。ここで、$0 \leq \beta \leq 1$ であり、$\beta = 1$ のときは完全に J 国の好みの管理がなされることになる。

Munro [1979] のモデルでは、価格 p の相違、漁獲活動の単位費用 c の相違、社会的割引率 δ の相違が考慮されている。本章では、このうち単位あたり漁獲費用が異なるケースを扱う。その理由は、後の分析において、貿易がなされている状況を想定するため、両国の価格の相違はないと仮定するためである。社会的割引率は、一般には両国で異なると考えられ、モデルに反映するのが望ましい。しかし、社会的割引率の相違を考慮したモデルでは、時間の経過に従い最適な漁獲量が変化する。本章で示すモデルは、最適解を陽に解くことができないため数値的に求めねばならず、社会的割引率の相違を考慮したモデルの時間の経過による解の軌跡を得るのは容易ではない。

β を 0 から 1 まで変化させて、その各々について（4-1）式を最大化すると、パレートフロンティアが得られる（図4-2）。このフロンティアから 1 点を選択する（β を選択する）際に、Munro [1979] は Nash [1953] の 2 人協力ゲームを用いている[10]。

図4-2の点 A（π_0^J, π_0^K）は、非協力の時の PV_J と PV_K の組み合わせ（threat point）であるとする。例えば、オープン・アクセス状態になっている時の各国の利得と想定できる。協力がある場合には、利得は点 C（π_1^J, π_1^K）で表される。

Nash [1953] は、協力ゲームに解があるならば、いくつかの仮定[11]が成立する場合には、

102

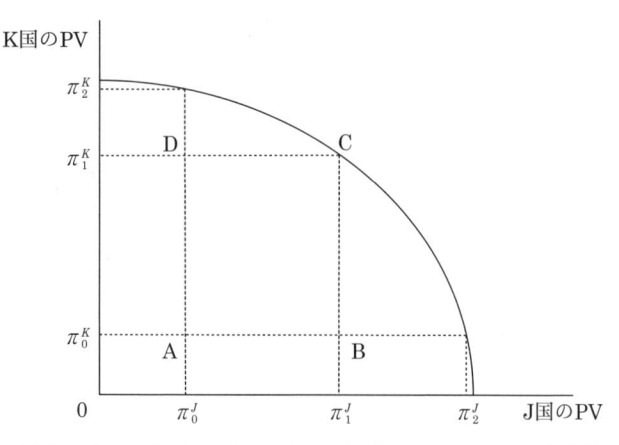

図4-2 Munro-Nashモデルのパレート最適フロンティアの概念図

$$(\pi_1^J - \pi_0^J)(\pi_1^K - \pi_0^K) \tag{4-2}$$

を最大化することで、その解が得られることを証明した。(4-2) 式が最大になるのは、図4-2で四角形ABCDの面積が最大になるときであり、このモデルによる資源管理では、この β が採用されると想定される。(4-2) 式の含意の1つは、協力がなされなかったときに失われる利得が大きい国の方が、交渉力が低くなることである[12]。

2. Munro-Nash モデルの拡張

Armstrong [1999] は、同一種の成魚と未成魚の資源動態を、次のような関係式を用いて描写している[13]。以後、下付き添え字 $i=1, 2$ で、1が成魚、2が未成魚を表すとして、

$$\frac{dX_i}{dt} = G_i(X_1, X_2) - h_i(t) \tag{4-3}$$

である。ここで、$h_i(t)$は漁獲量である。資源量X_iは時間tの関数であるが、表記の簡単化のためにtを省く。また、成長関数G_iは、m_i, nを適当な定数、自己増殖率をr_iとして、

$$G_1(X_1, X_2) = r_1 X_1 \left[1 - \frac{X_1}{m_1 X_2}\right] \tag{4-4}$$

$$G_2(X_1, X_2) = r_2 X_2 \left[1 - \frac{X_2}{m_2 X_1}\right] - n X_1 X_2 \tag{4-5}$$

と表される。ここで、(4-4) 式と (4-5) 式の右辺の括弧内は、資源が無限に増加しないように他方の資源量のm倍となるような環境容量を設定するものであり、(4-5) 式の右辺第2項は成魚の資源量が未成魚の減少につながる状況（成魚による未成魚の捕食など）を表す。

国の違いを上付き添え字$l = J, K$で表すことにし、漁獲物の単位あたり価格をp_i^lで表し、単位あたり漁獲費用を、

$$c_i^l(X_i) = \frac{a_i^l}{q_i^l X_i} \tag{4-6}$$

とする。ただし、a_i^lは漁獲努力単位あたり費用で定数であり、q_i^lは捕獲能率で定数である。すると、目的関数 (4-1) 式は、以下のようになる。

$$PV = \beta PV^J + (1-\beta)PV^K$$
$$= \int_0^\infty e^{-\delta t}\{\beta[\alpha_1(p_1-c_1^J(X_1))h_1(t)+\alpha_2(p_2-c_2^J(X_2))h_2(t)]$$
$$+(1-\beta)[(1-\alpha_1)(p_1-c_1^K(X_1))h_1(t)$$
$$+(1-\alpha_2)(p_2-c_2^K(X_2))h_2(t)]\}dt$$
$$= \int_0^\infty e^{-\delta t}\{[(\alpha_1\beta+(1-\alpha_1)(1-\beta))p_1-(\alpha_1\beta c_1^J(X_1)$$
$$+(1-\alpha_1)(1-\beta)c_1^K(X_1))]h_1(t)$$
$$+[(\alpha_2\beta+(1-\alpha_2)(1-\beta))p_2-(\alpha_2\beta c_2^J(X_2)$$
$$+(1-\alpha_2)(1-\beta)c_2^K(X_2))]h_2(t)\}dt$$
$$= \int_0^\infty e^{-\delta t}\{[M_{11}-M_{12}]h_1(t)+[M_{21}-M_{22}]h_2(t)\}dt$$
(4-7)

ここで、$M_{i1}=[\alpha_i\beta+(1-\alpha_i)(1-\beta)]p_i$、$M_{i2}=\alpha_i\beta c_i^J(X_i)+(1-\alpha_i)(1-\beta)c_i^K(X_i)$ である。

最適化問題は、(4-7) 式を制約条件 (4-3) 式の下で最大化するという形に定式化される。この問題の前価ハミルトニアンは、

$$H = e^{-\delta t}\{[M_{11}-M_{12}]h_1(t)+[M_{21}-M_{22}]h_2(t)\}$$
$$+\lambda_1[G_1(\cdot)-h_1(t)]+\lambda_2[G_2(\cdot)-h_2(t)] \quad (4\text{-}8)$$

である。ただし、λ_1 はこの問題のラグランジュ乗数である。最大化のための条件から、次が成立する。

$$\frac{\partial H}{\partial h_i(t)} = e^{-\delta t}[M_{i1} - M_{i2}] - \lambda_i = 0, \quad i = 1, 2 \tag{4-9}$$

$$\frac{\partial H}{\partial X_i} + \dot{\lambda}_i = e^{-\delta t}\left[-\alpha_i \beta \frac{\partial c_i^J(X_i)}{\partial X_i} - (1-\alpha_i)(1-\beta)\frac{\partial c_i^K(X_i)}{\partial X_i}\right]h_i(t)$$

$$+ \lambda_1 \frac{\partial G_1}{\partial X_i} + \lambda_2 \frac{\partial G_2}{\partial X_i} + \dot{\lambda}_i = 0, \quad i = 1, 2 \tag{4-10}$$

また、

$$\frac{\partial \lambda_i}{\partial t} = \dot{\lambda}_i = -\delta \lambda_i, \quad i = 1, 2 \tag{4-11}$$

であるので、(4-9) 式と (4-11) 式を (4-10) 式に代入することによって、この問題の黄金律は次式のようになる。

$$\frac{\partial G_i}{\partial X_i} = \delta + \frac{\left[\alpha_i \beta \frac{\partial c_i^J(X_i)}{\partial X_i} + (1-\alpha_i)(1-\beta)\frac{\partial c_i^K(X_i)}{\partial X_i}\right]h_i(t)}{M_{i1} - M_{i2}}$$

$$- \frac{M_{j1} - M_{j2}}{M_{i1} - M_{i2}} \cdot \frac{\partial G_i}{\partial X_j} \quad i, j = 1, 2, i \neq j \tag{4-12}$$

(4-12) 式で示されるように、黄金律は2本あり、ともに X_1 と X_2 の関数である。これらは、X_1 のみと X_2 のみの関数に直し、陽に解くことは困難である。

いま、黄金律を $f_i(X_1, X_2)$ と表すとする。i 魚の黄金律を満たす X_1 と X_2 の組み合わせは無数に存在する。パラメータの設定値が適切であれば、その中に、両方の黄金律を同時に満たす X_1 と X_2 の組み合わせが存在し、これが最適解である。本章では、2つの

黄金律の X_1 と X_2 の組み合わせが描く関係に関数を当てはめ、それらの交点を求めることによって最適解を求める。

3. 比較生産費理論に基づく分析

このモデルは、成魚と未成魚という2財を2国が漁獲する状況であるため、漁獲費用の大きさに関して、リカードの比較生産費理論を適用することが考えられる。そこで完全特化が妥当となる条件を導出する。

日本と韓国を比較すれば、成魚、未成魚とも韓国が絶対優位と考えられるものの、上述したように、日本は未成魚に、韓国は成魚に比較優位を持っていると想定しうるであろう。

表4-1 日本と韓国の漁獲活動の単位費用

	成魚	未成魚
日 本	$c_1^J = 120$	$c_2^J = 100$
韓 国	$c_1^K = 80$	$c_2^K = 90$

表4-1は、日本と韓国の漁獲活動の単位費用 c_i^l、すなわち、1匹を漁獲するのに必要な費用を、仮想的な数値を設定してまとめたものである。これから、1単位の c_i^l を費やして得られる漁獲量は、$1/c_i^l$ となる。また、i 魚の国際価格は p_i で与えられる。日本にとって貿易をおこなうインセンティブが発生しうるのは、

$$\frac{1}{c_1^J} < \frac{1}{c_2^J} \cdot \frac{p_2}{p_1} \tag{4-13}$$

となるときであり、同様に韓国にインセンティブが発生しうるのは、

$$\frac{1}{c_2^K} < \frac{1}{c_1^K} \cdot \frac{p_1}{p_2} \tag{4-14}$$

のときである。(4-13) 式と (4-14) 式から、日本が未成魚に、韓国が成魚に完全特化するための条件式は、

$$\frac{c_1^K}{c_2^K} < \frac{p_1}{p_2} < \frac{c_1^J}{c_2^J} \tag{4-15}$$

となる。ここで、本章では簡単化のためにq_i^lを国や成魚・未成魚にかかわらず一定と仮定していることと (4-6) 式から、(4-15) 式は、

$$\frac{a_1^K X_2}{a_2^K X_1} < \frac{p_1}{p_2} < \frac{a_1^J X_2}{a_2^J X_1} \tag{4-16}$$

となる。

4. パラメータの仮定

まず、成長関数に係わるパラメータを設定する。トラフグの生物学的な研究は多くはなく、自己増殖率は不明である。ここでは、他の魚種の自己増殖率を参考に、$r_1 = 0.6$、$r_2 = 0.5$ と仮定する。一般に魚類では初期減耗が著しく、未成魚の方が自己増殖率が低いというのは現実的な想定と考えられる。

次に、定数 m_1 であるが、これは 1 の時に成魚と未成魚の自然状態での資源量が等しくなり、数値が高くなると成魚が未成魚よりも多くなる。内田［1994］はコーホート解析を用いてトラフグの年齢構成を推定している。漁業がおこなわれている現状では、2 歳以下が 3 歳以上に占める割合は約 65% であるため、m_1 は、ほぼこの比率になる 1.5 とした。

定数 m_2 は数値が大きいほど資源変動が激しくなる傾向がある。資源変動に関するデータは存在しないので、ここでは任意に 3.5 と設定した。

定数 n は数値が小さいほど、自然状態での定常点が大きくなる。内田［1994］はトラフグの処女資源匹数を推定しており、これを重量換算すると、約 5 千 t となる。これは内海や外国による漁獲を除き、外海のトラフグを 1 つの系群として推定したものであるから、処女資源量を過少評価していると考えられる。そこで、実際の資源量を内田［1994］の推定量の 2 倍と仮定し、定常点の総和（自然状態での成魚と未成魚の和）が約 1 万 t となるように、$n = 7 \times 10^{-8}$ とした。

次に、漁業に係わるパラメータを設定する。まず、価格は、南風泊市場での取材等を参考に、成魚の単価 $p_1 = 12{,}000$ 円/kg、未成魚の単価 $p_2 = 15{,}000$ 円/kg とした。最も美味とされ、kg 単価が最も高くなるのは 2 歳魚であるので、$p_1 < p_2$ とした。

漁獲能率 q_i^j は、数値シミュレーションで得られる結果をわかりやすくするために、国や親・仔の相違にかかわらず同じ値とする。漁獲能率 q は、ある年における漁獲努力量 $E(t)$ と漁獲量の日別

データがわかる場合には DeLury の方法、漁獲努力量 $E(t)$ と資源量 X がわかる場合には漁獲関数（例えば、$h(t)=qE(t)X$）から推定することが可能である。しかし、そのようなデータは存在しないため、ここでは他の漁業での値を参考に、1.5×10^{-5} と仮定した。

漁獲努力単位あたり費用 a_i^l は、以下のようにして計算した。外海トラフグ延縄漁業をおこなっている主要な漁協の1つである、福岡県鐘崎漁業協同組合でのヒアリングによると、近海で1回操業した場合、餌代が約20万円、氷代が約2万円、燃料費が約9万円、食費等が約10万円である。山口県越ヶ浜漁業協同組合でのヒアリングでもほぼ同じ金額であったので、延縄漁船1隻1操業時間（約1週間）につき約40万円である。韓国の費用は不明

表4-2 パラメータの仮定

記号	意味	設定値	単位
r_1	成魚の自己増殖率	0.6	/年
r_2	未成魚の自己増殖率	0.5	/年
m_1	定数	1.5	—
m_2	定数	3.5	—
n	定数	7×10^{-8}	—
p_1	成魚の単価	12,000	円/kg
p_2	未成魚の単価	15,000	円/kg
q_i^l	l 国 i 魚の漁獲能率	1.5×10^{-5}	/1隻1操業時間
a_i^l	l 国 i 魚の漁獲努力単位あたり費用	約 400,000	円/1隻1操業時間
δ	社会的割引率	0.02	/年
α_i	i 魚の J 国への分配率	0.5	—
β	交渉パラメータ	0〜1	—

であるため、日本と同程度と想定し、a_1^J＝42万円、a_1^K＝38万円、a_2^J＝41万円、a_2^K＝39万円と設定した[14]。社会的割引率δは、現状の利子率を参考に0.02とした。α_iは、両国の管理主体が取り決めるものである。それまでの漁獲量の比率に設定するという方法が採られることもある。だが、韓国の正確な漁獲量が不明であるため、0.5に設定した。βは0〜1の範囲で適宜設定した。以上のパラメータをまとめたものが、表4-2である。

第4節 分　　析

1. 自然状態での資源動態

成魚と未成魚の資源動態をみるために、まず、アイソクライン分析を用いて資源動態をみる。(4-4) 式で$dX_1/dt=0$とすると、X_1のヌルクラインが得られ、

$$X_1=0 \tag{4-17}$$

または、

$$X_2=\frac{1}{m_1}X_1 \tag{4-18}$$

となる。同様に、(4-5) 式で$dX_2/dt=0$とすると、X_2のヌルクラインは、

$$X_2=0 \tag{4-19}$$

または、

$$X_2 = m_2 X_1 - \frac{m_2 n}{r_2} X_1^2 \tag{4-20}$$

となる。(4-18) 式と (4-20) 式から、定常点 $(\overline{X_1}, \overline{X_2})$ は、

$$(\overline{X_1}, \overline{X_2}) = \left(\frac{r_2(m_1 m_2 - 1)}{m_1 m_2 n}, \frac{\overline{X_1}}{m_1} \right) \tag{4-21}$$

であり、X_1 の環境容量は r_2/n である。

図 4-3 は、上述のパラメータの設定値の下で、初期資源量を内田 [1994] の現状の資源量推定量の 2 倍として、漁獲がないときの資源動態をみたものである。時間の経過とともに、資源量が (4-21) 式で計算される 5,800t と 3,900t に収束していくことがわかる。

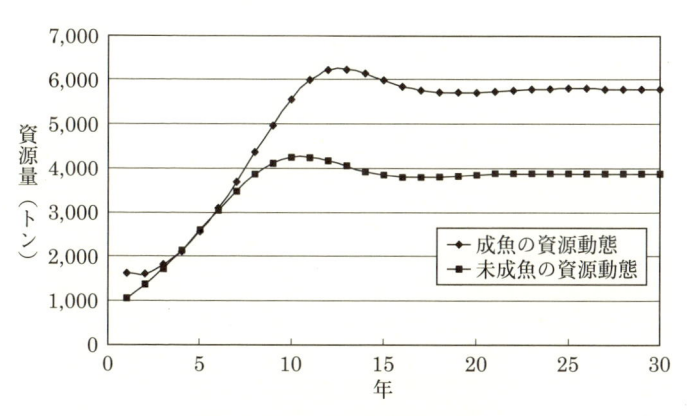

図 4-3 成魚と未成魚の資源動態

[図: X_1とX_2のヌルクライン]

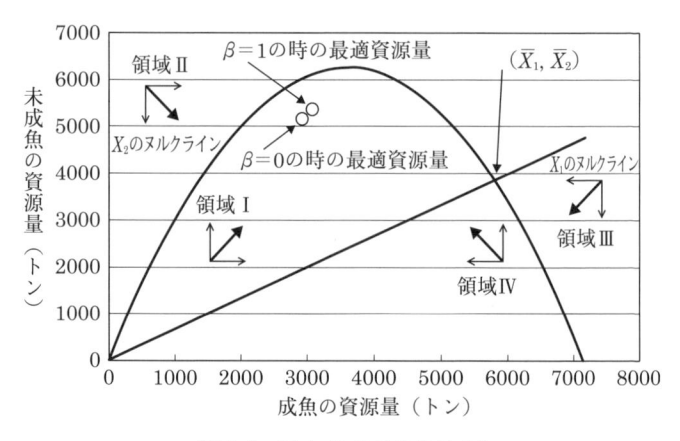

図 4-4　X_1とX_2のヌルクライン

図 4-4 は、X_1とX_2のヌルクラインを示したものである。2本のヌルクラインによって、図 4-4 は 4 つの領域に分けることができる。各領域では、それぞれ、

$$領域\text{I}：\frac{dX_1}{dt}>0, \quad \frac{dX_2}{dt}>0 \tag{4-22}$$

$$領域\text{II}：\frac{dX_1}{dt}>0, \quad \frac{dX_2}{dt}<0 \tag{4-23}$$

$$領域\text{III}：\frac{dX_1}{dt}<0, \quad \frac{dX_2}{dt}<0 \tag{4-24}$$

$$領域\text{IV}：\frac{dX_1}{dt}<0, \quad \frac{dX_2}{dt}>0 \tag{4-25}$$

となっている。持続的漁獲量は、

第4章　複数国が利用する漁業資源の最適管理　113

$$h_i^* = G(X_1^*, X_2^*) \tag{4-26}$$

と定義される。このため、領域 I 以外では、成魚と未成魚の少なくとも一方の持続的漁獲量は負の値をとる。すなわち、毎年その資源量を維持するためには、未成魚や成魚を放流する必要がある。こうした領域で（4-12）式を同時に満たす X_1 と X_2 の組み合わせが存在しても、実際の漁業ではその点は選択されないと考えられる。このため、解の探索では領域 I の交点のみを探した。

2.　漁獲がある時の最適資源水準

図4-5は、交渉パラメータ β を 0～1 まで変化させたときの、成魚と未成魚の最適資源量の組み合わせを描いたものである。日本型の管理が選ばれるほど、持続的資源量が成魚、未成魚とも高

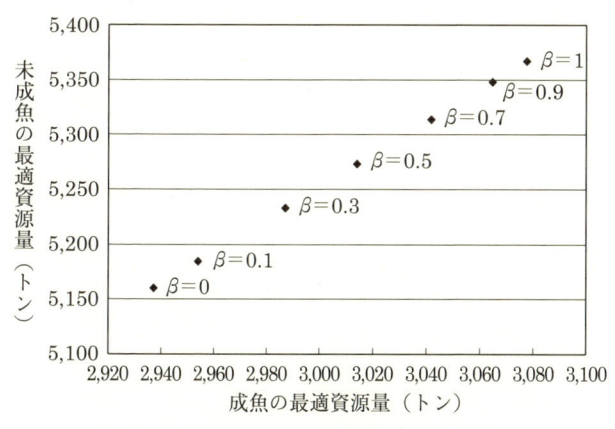

図4-5　β の違いによる最適資源量の組み合わせ

くなることがわかる。このような結果が得られた理由は、同じ資源量のときの漁獲費用が日本の方が高い結果、日本の方が資源保護的になるからと考えられる。

図4-4には、これらの点のうち$\beta=0$と1の時の最適資源量を示している。現状は、最適資源量水準よりもかなり資源状態が悪化していると考えられる。

図4-6および図4-7は、図4-5に示した最適資源量から導出される成魚と未成魚の持続的漁獲量を、βを0〜1まで変化させて描いたものである。成魚は、βが1に近づくほど持続的漁獲量が多くなる。未成魚は、βが1に近づくほど持続的漁獲量が少なくなる。このような結果が得られた理由は、次のように考えられる。日本の成魚の純便益は平均約2,700円、未成魚は約9,800円で、その差は約7,100円であるのに対し、韓国は成魚が約3,600

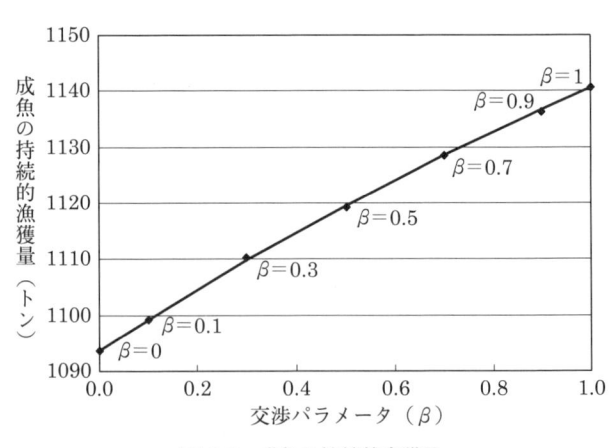

図4-6 成魚の持続的漁獲量

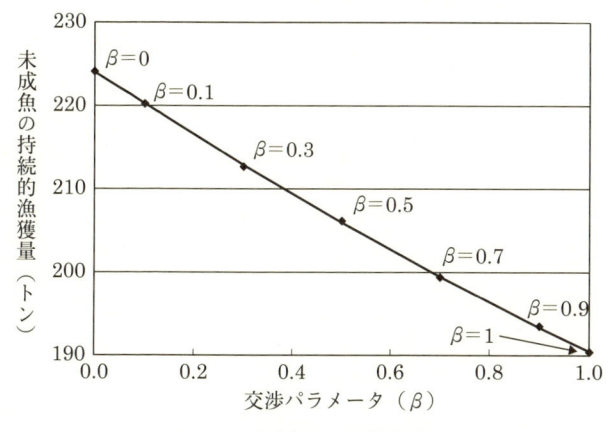

第4章 複数国が利用する漁業資源の最適管理 *115*

図4-7 未成魚の持続的漁獲量

円、未成魚が約10,000円で、その差は約6,400円である。このため、韓国に比べ日本の方が相対的に成魚の漁獲費用が高くなるため、日本型管理になるにつれて、成魚に対しては相対的に資源保護的、未成魚に対しては資源利用的という結果になる。

図4-8は、成魚、未成魚、および両方を足したときのパレートフロンティアを描いたものである。ただし、両国の割引率を同じにしているので、ここでは、βを変化させたときの1年の純利益の変化を示した。左下の■は、threat pointである。threat pointは現状の日本の漁獲量および韓国の推定漁獲量に、βを変化させた時の平均の1匹あたり純利益を掛けて求めた[15]。右上の◆は、threat pointとパレートフロンティアで囲まれる四角形（契約エリア）が最大になる点である。資源量水準を最適な点に移行することによって、両国とも大幅な収益の改善が見込まれることがわ

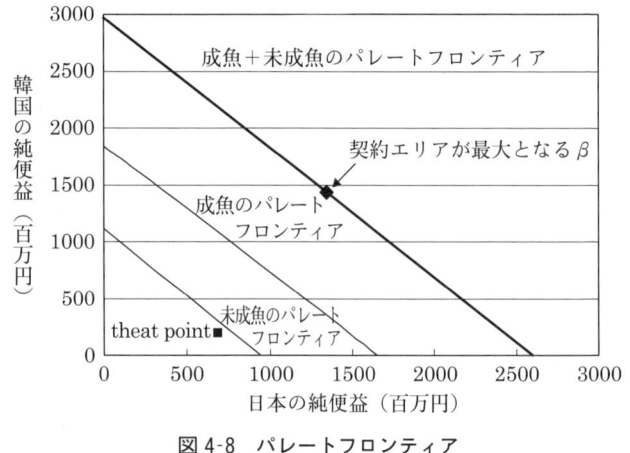

図4-8 パレートフロンティア

　かる。

　また、完全特化が生じうるか否かであるが、βの値にかかわらず、(4-16)式が満たされることはなかった。すなわち、成魚と未成魚のいずれかに特化して操業するインセンティブは発生せず、完全特化という形での国際的な分業はおこらないと考えられる。

　最後に、本章ではパラメータの値の多くを仮定していることから、感度分析をおこなった。その結果を表4-3に示す。感度分析は、今後生じると思われる方向、もしくは悪化とみなしうる方向へ10%変化させたときの値を用いておこなった。すなわち、r_1、r_2は低いほど自己増殖率が悪く、m_1は高いほど成魚の割合が多く、nは多いほど自然状態での定常点が低くなる。また、p_1、p_2は今後保全が進むと低くなる可能性がある。m_2とq_i^lはどちらにも想定しうるため、増加と減少の両方のケースについてみた。

表 4-3 感度分析の結果

(単位：t)

	元の値	設定値	単 位	h_1^*	h_2^*
元 の 値	—	—	—	560	100
r_1, r_2 10%減	0.6 0.5	0.54 0.45	/年 /年	478	66
m_1 10%増	1.5	1.65	—	615	87
m_2 10%増 m_2 10%減	3.5	3.85 3.15	— —	574 534	127 83
n 10%増	7.0×10^{-8}	7.7×10^{-8}	—	530	78
p_1, p_2 10%減	12,000 15,000	10,800 13,500	円/kg 円/kg	591	79
q_i^l 10%増 q_i^l 10%減	1.5×10^{-5}	1.65×10^{-5} 1.35×10^{-5}	/1隻1操業時間 /1隻1操業時間	534 591	122 79

r_1、r_2 を 10%減少させた場合に、持続的漁獲量はかなり低くなるものの、それ以外のパラメータの値の変化は、持続的捕獲量に最大でも2割程度の影響しか与えず、本章のモデルから得られる結果は比較的頑強なものであると考えられる。

第5節　考　察

分析の結果、1国の持続的漁獲量は成魚560t、未成魚100t、合計約660tになった。これは、1980年代までの平均漁獲量の約7割である。小トラのデータがある1980年代の成魚の平均漁獲量は約1,000t、未成魚（小トラ）は約250tで、それぞれ持続的漁獲量の1.8倍、2.4倍となっている。感度分析の結果から、本

章で設定したパラメータの値に10%程度のずれがあったとしても、過剰の漁獲がなされていたという推測は成立する。

このため、成魚、未成魚とも乱獲されており、特に未成魚に対する漁獲圧が高すぎた可能性が高い。現実の漁業では、最も美味とされ、kg単価が高くなるのは2歳魚である。だが、2歳魚の大半は再生産に加入しておらず、2歳魚を過剰に漁獲すると加入乱獲が生じる。漁獲の際に、未成魚でもそれなりの価格が付くため、自主的に再放流するインセンティブは働いてこなかったと考えられる。資源枯渇が生じ未成魚が主体になっても、未成魚が漁獲対象として漁業が成立しうる。こうした状況では、成魚が十分に残らず、再生産に支障をきたして当然といえる。

消費者の嗜好は2歳魚だが、漁獲をおこなうのは生産者である。生産者が純収入の最大化を目指すなら、未成魚の漁獲量を減らし、成魚の漁獲量を高めることで純収入の大幅な改善が望めるという本章の結果から、現状の資源枯渇状態は是正可能である。

パレートフロンティアは、threat pointが上寄りと右寄りを相対的に比較して右寄りにあることから、交渉決裂によって失う利益が相対的に大きいのは韓国であり、それだけ日本に有利な交渉結果（交渉パラメータの値が0.5よりも大きい）になると考えられる。このような結果が得られた理由は、現状の漁獲量の大半を日本が占めていると仮定し、かつ、分配率α_iを0.5としたためである。

最後に、本章の事例で完全特化が生じないという結果が得られた理由は、次のように考えられる。(4-16)式において、価格は

未成魚の方が高いため、p_1/p_2は1未満となる。これに対し漁獲努力単位あたり費用a_i^jはほとんど同じで、持続的資源量は未成魚の方が高いため、（4-16）式の左右の項は1以上となる。その結果、不等式が成立しない。

　通常、未成魚が成魚になれば、体重が増すことから、自然死亡による個体数の減少を考えても、未成魚を残し、成魚を捕獲する方が、総利益は大きくなると予想される。このため、未成魚の最適資源量が成魚よりも多くなるのは一般的傾向と考えられる。また、価格は成魚の方が未成魚よりも高値になるのが一般的と考えられ、そのような場合には、（4-16）式が成立して、一方の国が沿岸（未成魚）、他方が近海（成魚）に完全特化する状況も想定しうるであろう。

第6節　おわりに

　本章の課題は、同一種の成魚と未成魚をそれぞれ別の漁業主体が漁獲しているというArmstrong［1999］のモデルと2国が同一種を漁獲しているというMunro［1979］のモデルのハイブリッド型モデルを構築し、これを日本海などで日本や韓国が利用しているトラフグ資源に適用して、同資源の持続的な利用について分析をおこなうことにあった。分析の結果、持続的漁業のためには未成魚を残し、成魚を漁獲するのが適切という結果が得られた。現実には、再生産に加入する前のトラフグに対する嗜好が高く、これが今日の資源枯渇の一因であると考えられた。

また、本章のモデルは2国が2つの財を生産する状況を記述したものであり、こうした状況では、一方の国が成魚、他方の国が未成魚に完全特化する可能性があるため、その条件についても考察した。その結果、トラフグでは未成魚の方が高値であり、かつ最適資源量が高くなるために完全特化が起こらない可能性が高く、本章で設定したパラメータの下でも完全特化が成立する条件は満たされなかった。

　本章で用いたパラメータの設定値は、データが得られず、多くは他の漁業の数値を参考に仮定せざるを得なかった。その意味で、本章で示した結果は、むしろ定性的なものであり、得られた最適資源量や持続的漁獲量の数値そのものは、不正確なものである可能性がある。わが国の場合、個別の魚種ごとの漁獲努力量データが総じて整備されていない。漁獲許可量（TAC）制の導入によって、今後はこうしたデータも蓄積されると考えられる。今後の課題として、データの整備を待って、正確な最適資源量や持続的資源量の推定を実施したい。

注
1) 1968(昭和43)年のHardinの「コモンズの悲劇」にはいくつかの反論がある。間宮［1993］は、「歴史の筋書はハーディンのコモンズの悲劇の筋書とはむしろ逆であろう。実際にはコモンズの悲劇に陥るのを防ぐために共有地という制度が形成されていったと思われるからである」としている。さらに浅子他［1994］はコモンズを2つに分けて、①「第一番目のコモンズとは、open accessあるいはfree access（自由参入）が成立する資源であり、ハーディンなどが想定したコモンズがこれに当たる」、②「コモンズ

の第2番目の定義は、資源の利用が一定の集団に限られ、その資源の管理・利用についても、集団の中である規律が定められ、利用に当たって、種々の権利、義務関係がともなっている場合である。歴史的に各国に存在してきたコモンズはこのような第2の意味でのコモンズである場合がほとんど」であるとしている。
2) 良好な漁場は領海の範囲を越えた沿岸から近海部に位置する。このため、1956(昭和31)年と1960(昭和35)年の第1次、第2次国連海洋法会議の結果として、まず漁業水域という概念が登場した。1974(昭和49)年の第3次国連海洋法会議第2（カラカス）会期では、200海里の排他的経済水域が事実上認められた。1994(平成6)年の国連海洋法条約の発効後は、批准国は排他的経済水域を設定して漁業資源を管理し利用している（桜本他［1998］参照）。
3) Sumaila［1999］によると、このうち複数国の排他的経済水域を越えて移動するものが本来の意味でのトランスバウンダリーな漁業資源であり、Sumaila［1999］は、マグロ（tuna）のように広範囲を移動するものを高度回遊性魚種（highly migratory stock）、排他的経済水域と公海を移動するものをストラドリング・ストック（straddling stock）として区別している。
4) 以下に紹介するモデルでは、経済主体は自国の割引かれた「効用」の最大化を目的として行動すると仮定される。もし「利益」の最大化が目的であれば、各国は市場外部性と動的外部性の両方を考慮することになる。詳しくは、Levhari and Mirman［1980］を参照。
5) それらの研究の概要は、Armstrong［1999］の p.76 を参照。
6) Armstrong［1999］は先行研究のモデルとの相違点として、成熟魚が未成熟魚を捕食するcannibalismをモデルに組み込んでいる点を指摘している。
7) 南風泊市場でのヒアリングによると、中国、朝鮮民主主義人民共和国もトラフグを利用している。だが、漁獲量など詳細は不明である。
8) 佐藤他［1995］によると、最近ではわが国のトラフグ水揚量の約9割が

済州島以東から日本海沿岸で漁獲されているといわれている。
9) 内田 [1991] に基づくと、1歳魚の体重は約370g、2歳魚は890gである。
10) 以下では、フロンティアが凸集合（原点に対して凹）になると仮定する。詳しくは Munro [1979] 参照。
11) これらの仮定は、Pareto-optimality、feasibility、independence of irrelevant alternatives、rationality、symmetry である（Ferrara and Missios [1998]）。
12) Munro [1990] の指摘による。
13) もともとは Eide, E. (1993) Fluctuations in the cod stock, Mimeo, Norwegian College of Fisheries Science, University of Tromso による定式化であるが、ノルウェー語による論文であり入手できなかった。
14) q をすべて等しいと仮定し、$\alpha=0.5$ に設定しているため、a をすべて等しくすると、最適資源量は β の値にかかわらず同じ値となる。
15) 韓国水産統計年報のフグ水揚量のうち1968(昭和43)年〜1983(昭和58)年は花渕 [1985] に抜粋がある。しかし、トラフグの水揚量は不明である。済州島での調査を報告した多部田他 [1993] によると、済州島のフグ類の漁獲量は1,166tで全国の22.3%を占める。このうち翰林と城山浦水産業協同組合が20%を占め、水揚のうちトラフグは約4%である。済州島周辺は韓国の主要なトラフグ漁場であるため、花渕 [1985] に4%を乗じて水揚量を求めると200t程度となる。この当時の日本の水揚量は600t、現在は100tほどであるため、この比率から、韓国の現状の水揚量を30t程度と仮定した。

第5章

地域資源としてのエゾシカの最適管理

第1節　はじめに

　近年、ハンターの高齢化、餌場の増加など、様々な要因の下で野生動物の数が増え、農林業被害が増加している。特に林業では、1970年代後半からシカによる被害が次第に増加し、現在では被害の中心となっている（農林水産技術会議他［2003］）。農林業被害は生産者の生産意欲を減退させ、農地等の放棄につながりかねないため、早急な対応が必要である。

　こうした中、2003(平成15)年4月に施行された「鳥獣の保護及び狩猟の適正化に関する法律」に基づき、都道府県はシカ、クマ等の「特定鳥獣保護管理計画」（以下、管理計画）を策定している。この管理計画の特徴は、科学的・計画的管理の実行にある。その大半は生態学的な知見に基づいているが、経済学的観点からの考察は乏しい。

　管理計画策定の背景には、野生動物の適正な個体数を維持するとともに鳥獣害の発生を減少させるという課題がある。このた

め、過剰な捕獲による地域個体群や種の絶滅を避けるという制約の下で、農林業被害を一定水準以下に抑え、持続的に農林業経営を維持できる管理水準を示す必要があり、経済学的観点からの検討が不可欠である。

　こうした経済学的観点に基づく野生動物管理は、これまで資源経済学的な手法を用いて考察されている。わが国にはほとんど先行研究がないが、海外では魚類、海棲哺乳類、陸上動物等を対象とした研究が多数存在する。だが、その多くは経済的有用種の最適利用を考察したものである。本章のように害獣の側面に焦点をあてて最適管理を考察した先行研究はまだ少なく、Schulz and Skonholt [2000] による理論的研究、野生のブタを対象としたZivin and Zilberman [1999]（以下、Zivin 他 [1999] とする）や、トナカイを対象とした Bostedt, Parks and Boman [2003] の実証研究など、非常に限られている。

　そこで本章では、資源であり害獣でもある北海道のエゾシカを取り上げ、農林業被害や捕獲個体の獣肉（ベニソン）市場の概要をみた上で、農林業被害とベニソンからの収益を目的関数に含んだモデルを定式化して、エゾシカの管理を動学的観点から考察する。エゾシカを取り上げる理由は、近年農林業被害が著しく増加し（図5-1）、早急な管理が必要なためである。北海道では、資源量が増加傾向にあるか減少傾向にあるかに応じて捕獲量を調整するフィードバック管理（順応的管理）に基づき、わが国でも先進的なエゾシカの管理計画が策定されている。しかし、経済的側面からの検討が不十分で、その必要性は北海道環境科学研究セン

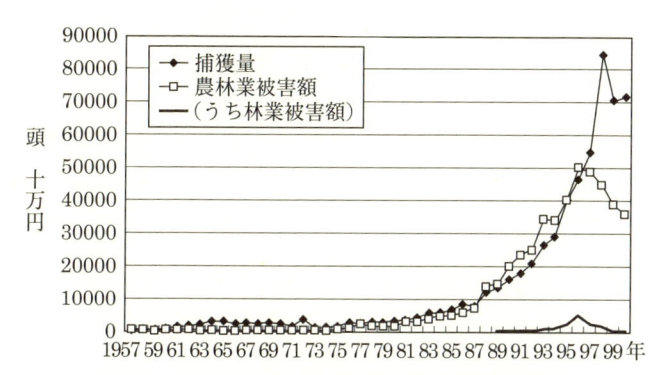

図5-1 エゾシカの捕獲量と農林業被害の経年変化
出典：北海道環境生活部［2000, 2002］、北海道庁HP

ター他［2001］等で指摘されている。

本章の目的は、生態学的研究に基づいて定められたエゾシカ管理計画における資源量の目標水準が、経済的観点を含めて考察した場合にも適当なものであるかを実証的に検証することである。以下、まず次節で、分析の前提として必要な事項をまとめる。第3節では、農林業被害を考慮したモデルを構築し、第4節で分析結果を示し、第5節で考察をおこなう。第6節は、まとめと残された課題である。

第2節　分析の前提となる事項の整理

1. 用語の整理

本章で用いる用語の一部を整理する。エゾシカ個体数を「資源量」、有害駆除と狩猟をまとめて「捕獲」と呼ぶ。自己増殖率や

環境容量に変動がない場合、毎年資源の成長量と同じだけ捕獲することで、資源量と捕獲量を経時的に一定に保つことができ、そのような資源量を「持続的資源量」、捕獲量を「持続的捕獲量」と呼ぶ。こうした持続的資源量と持続的捕獲量の組み合わせは無数に存在する。動学的な最適化を考えた場合、将来資源の割引率を所与として、一致する組み合わせは一意に決まる（例えば、Clark [1985] を参照）。「最適」という場合は、このように一意に決まった水準を指す。

2. 経済的意思決定者の仮定

現在、捕獲したエゾシカの有効活用のために、捕獲個体の買取りが一部の自治体で実施されている。こうした自治体では、農林業被害を受けている農林業経営者は、農林業被害の総費用（被害額＋捕獲費用）の最小化ではなく、捕獲個体からの総収益と、農林業被害の総費用の差額（純収益）の最大化を目的として行動すると考えられる。また、後述するが、公的機関等による捕獲個体の有効利用が今後活発化し、ベニソンが市場を介して多く取引される可能性がある。その場合には、捕獲個体を買取る自治体などの公的機関がベニソンの独占供給者となる状況も想定しうる。このため、意思決定者としては農林業経営者と公的機関の2つの主体が想定されうる。

3. 農林業被害の概要

シカによる被害は、全国的には農業被害よりも林業被害の方が被害面積、被害金額とも深刻である（山根[2002]）。しかし、北海道における近年のエゾシカによる被害の大半は農業部門で発生し、林業被害が被害総額に占める割合は、たかだか10%（平成1～13年平均で約4%）でしかない。例えば、道内で最も被害が深刻な北海道東部地域（以下、東部地域）の釧路支庁では、平成8年の被害額は15億円であり、全道の約3割を占めるが、材木の被害はそのうち7.3%であった（北海道釧路支庁[1998]）。材木以外は農業被害に分類され、その92%は牧草である[1],[2]。

一方、古くからエゾシカが多い場所として知られている北海道足寄町では、1960年代前半までは農地近辺にエゾシカが出没することは稀であった（小泉[1988]、青柳[2003]）[3]。近年、エゾシカの農林業被害が増加している理由は、資源量が大幅に増加した結果、農地が餌場として頻繁に利用されているためであると推測される[4]。

農業被害については、エゾシカの農地への侵入を防ぐため、約2,200kmの電気柵、ネットフェンスなどの侵入防止施設の設置が平成12年度末までに完了している。また、大量捕獲が現在進行中であり、今後、資源量は減少すると予想される。以上の結果、林業被害の相対的な比率が高まるであろう[5]。そこで本章は、農牧林業のいずれにも適用可能な資源管理モデルを構築し、さらに数値例として林業被害を採用して分析をおこなう[6]。

4. ベニソン市場の概要

わが国における野生のシカの年間捕獲頭数は約10万頭であり、このうち200〜300tが食肉として消費されている[7]。一方、平成8年のエゾシカの捕獲量は5万頭弱であり（北海道環境生活部[2000, 2002]）、全国のシカ捕獲量の約半分を占める。この比率を用いると、エゾシカのベニソン消費量は93〜140t程度と推測される。エゾシカの平均体重を80kg、可食部分を全体重の10分の1と仮定すると、現状では年間約1万2,000〜1万7,000頭のエゾシカが消費されていることになる。

青柳[2003]によると、足寄町で平成8年から実施中の「シカ有効活用事業」では、平成11年は約300頭の加工・販売をおこなった[8]。同程度の規模の加工施設は道内に数か所しかないため[9]、食肉として販売されているベニソンは一部分に過ぎず、大半はハンター等が自家消費していると考えられる。

このように、販売されたベニソンは、現状では一部の人々しか消費していない。しかし、最近ではベニソンが低脂肪、高カロリーであり、高鉄分を含有する健康食品として注目され、ニュージーランドからも輸入されているため[10]、国内外で、エゾシカのベニソンに対する潜在的需要はあると考えられる。

潜在的需要が顕在化しない理由は、解体処理場が少ないことや、法的な制約があるためと考えられる。籠田[2003]によると、ベニソンを販売するには「野獣肉の衛生指導要領」（昭和63年、北海道保健環境部長通知）に基づき処理する必要がある。その場合、野山で内臓摘出等の解体はできず、食品衛生法に基づく

食肉処理業の許可施設に搬入して解体せねばならない。だが、捕獲後迅速に内臓摘出と放血をせねばベニソンの品質が著しく損なわれ、商品価値がほとんどなくなる。現状では1時間程度で上述の許可施設に搬入することは不可能であり、その結果、大半の捕獲個体は販売ルートにのらないのであろうと籠田［2003］は指摘している。

「エゾシカ保護管理計画」では、「捕獲されたシカ肉の有効利用を図るため、衛生的な処理や流通のための環境整備を進める」としており、今後、法制度が現状に沿うよう是正され、また、処理施設が整備されることで、ベニソンに対する需要が顕在化する可能性もあろう。

このように、エゾシカは単に害獣であるのみならず、食肉としての価値などを有しており、適切に管理することで地域経済に大きく貢献する可能性を有している[11]。本章では、このように正の潜在的な経済的価値を持ち、地域経済に寄与しうる資源であるエゾシカを「地域資源」と捉え、その最適な利用を考察する。

第3節　モデルの構築

本章では、野生のブタを対象としたZivin他［2000］に依拠して、定式化をおこなうが、この定式化は様々な野生生物に適用可能なものである。例えば、成長関数として仮定するロジスティック曲線は、魚類の他、海棲・陸上哺乳類などの成長の描写に広く用いられる。また、逆需要関数も同じ関数型のものを用い、デー

タの制約から、パラメータの設定値は仮定する。

 本章との主な相違点は、第1に、エゾシカではワナ（trapping）を用いることはほとんどないため、本章では捕獲のみを考察する点である。第2に、公的機関が買取価格を設定する場合、捕獲活動をおこなう主体にとって価格は所与となることから、本章では価格が所与の場合を含めて検討する点である。第3に、林業経営者にとってエゾシカの捕獲は、林業被害の軽減や未然防除の意味合いが強く林業経営の一環とみなせるため、本章では経営者の機会費用を用いて捕獲費用を設定する点である。

 以下では、エゾシカの価格が所与の場合と捕獲量の関数の場合を定式化する。価格が所与の場合は、現状を反映した設定であり、林業経営者は公的機関が設定した価格を所与として純収益を最大化するように、エゾシカの捕獲量を決定すると仮定する。価格が捕獲量の関数の場合は、ベニソンの販売から経常的に利益が得られるという将来の状況を想定した設定であり、公的機関がベニソン市場の市況に応じて捕獲されたエゾシカを林業経営者などから買取り、精肉として販売するという想定である。このため、エゾシカの捕獲量を決定するのは公的機関であり、単純化のために、公的機関が決定したエゾシカの捕獲量と実際に捕獲される量は一致すると仮定する。

1. 価格が所与の場合の定式化

 最初に、公的機関が設定した価格を所与として、林業経営者が純収益の最大化をおこなうケースを考察する[12]。いま、単位面積

(km²) あたりの林業経営による収益を F、所持する森林面積を A とすると、林業収入 I は、$I=F\times A$ で与えられる。また、被害を受けた割合を $\alpha(X)$ とする。ただし、$X(t)$（以下、適宜 X と略す）はエゾシカの資源量であり、t は時間（年単位）を表す。すると、エゾシカ被害を考慮したときの林業収入 R_f は、

$$R_f = I[1-\alpha(X)] \tag{5-1}$$

となる（Carlson and Wetzstein [24]、Zivin 他 [144]、Schulz and Skonholt [104] 等参照）。

エゾシカ1頭あたり売却価格を p、1頭あたり捕獲費用を $c_1(X)$ とし、捕獲量を $h(t)$ とする。エゾシカの捕獲による総収入 R_d と総費用 $C(X)$ をそれぞれ次式で表す。

$$R_d = ph(t) \tag{5-2}$$
$$C(X) = c_1(X)h(t) \tag{5-3}$$

エゾシカの資源量動態を表すために、成長関数としてロジスティック曲線を仮定すると、動態方程式は次のように表せる。

$$\frac{dX}{dt} = G(X) - h(t) = r\left(1-\frac{X}{K}\right)X - h(t) \tag{5-4}$$

ここで、$G(X)$、r、K はそれぞれエゾシカの成長関数、自己増殖率、環境容量である。このうち環境容量は、針葉樹林の拡大など

の形でエゾシカの生息地（越冬地）が広がったことで増加してきたと考えられる。今後も増加する可能性はあるが、その規模は小さいと予想されるため、ここでは定数とした[13]。また、資源量が環境容量を超えて増加すると大量斃死する可能性があるため、$X \leq K$ と仮定する。

以上の下で、林業経営者は（5-4）式を制約式とし、エゾシカの資源量を状態変数、エゾシカの捕獲量を操作変数として、次の目的関数を最大化する。

$$\int_0^\infty e^{-\delta t}[R_f + R_d - C(X)]dt \tag{5-5}$$

ここで、δは割引率である。λをラグランジュ乗数として、ラグランジアンは次式になる。

$$L = \int_0^\infty \left\{ e^{-\delta t}[(1-\alpha(X))I[p-c_1(X)]h(t)] + \lambda\left[G(X) - h(t) - \frac{dX}{dt}\right]\right\}dt \tag{5-6}$$

対応する時価ハミルトニアンは、

$$Hc = [1-\alpha(X)]I + [p-c_1(X)]h(t) + \mu[G(X) - h(t)] \tag{5-7}$$

となる。ただし、$\mu = e^{\delta t}\lambda$ である。ここでμは、エゾシカを1単位（1頭）捕獲することのシャドープライスでt時点における価

値、あるいは、1単位捕獲することの限界費用と解釈できる。内点解を仮定すると、最適化のための条件より、次の2式が得られる。

$$\frac{\partial Hc}{\partial h(t)} = p - c_1(X) - \mu = 0 \tag{5-8}$$

$$-\alpha'(X)I - c_1'(X)h(t) + \mu G'(X) = -\dot{\mu} + \delta\mu \tag{5-9}$$

定常状態では、シャドープライスと資源量が時間について一定なので、$\dot{\mu}=0$ と $G(X^*) - h^* = 0$ が成立し、これらと (5-8) 式、(5-9) 式から次の資源経済学の黄金律が得られる。

$$\delta = -\frac{\alpha'(X^*)I + c_1'(X^*)G(X^*)}{p - c_1(X^*)} + G'(X^*) \tag{5-10}$$

ただし、'*' は定常解であることを示す。右辺第1項は限界ストック効果、右辺第2項は資源の限界生産（限界捕獲）を表す（以下、Clark and Munro [1975]、Clark [1985] 等参照）。(5-10) 式の右辺全体は自己利子率と呼ばれ、今期1単位のエゾシカを保全することで、来期以降に享受される捕獲量の増加分を表す。(5-10) 式は、自己利子率と割引率 δ が一致する X^* が持続的なエゾシカの資源量であることを述べている。

(5-10) 式を X^* について陽に解くために、$\alpha(X)$ と $c_1(X)$ の関数形を特定する（以下、Zivin 他 [2000] 参照）。被害は資源量に比例すると仮定して、n を比例定数として $\alpha(X) = nX$ とす

る。また、エゾシカの捕獲費用をMとし、1頭あたりの捕獲費用を$c_1(X)=M/X$と仮定する。これらを（5-10）式に代入してX^*について解くと、割引率が$0<\delta<\infty$のときには、

$$X^*=\frac{1}{4}\left\{\left(1-\frac{\delta p+nI}{pr}\right)K+\frac{M}{p}\right.$$
$$\left.+\sqrt{\left[\left(1-\frac{\delta p+nI}{pr}\right)K+\frac{M}{p}\right]^2+\frac{8MK\delta}{pr}}\right\} \qquad (5\text{-}11)$$

となる。$\delta=0$のときには（5-11）式を変形して、

$$X^*=\frac{1}{2}\left\{\left(1-\frac{nI}{pr}\right)K+\frac{M}{p}\right\} \qquad (5\text{-}12)$$

となる。また、$\delta=\infty$の時には$p=c_1(X^*)$となるので、

$$X^*=\frac{M}{p} \qquad (5\text{-}13)$$

となる。

ここで、割引率$\delta=0$は、現在と将来の各時点のエゾシカの価値を同じとみなす状況である（以下、Clark［1985］、Conrad［1999］参照）。単独所有者がエゾシカを所有すると仮定するならば、この時に得られるX^*の水準は静学的最適化問題の最適値と等しくなる。これは、単独所有者が静学的レントを最大化した状態である。他方、$\delta=\infty$は将来の価値が認められず、短期的な利益が最大化される状態（オープン・アクセスの状態）であり、

静学的レントはゼロとなっている。

(5-11) 式～ (5-13) 式の X^* から計算される持続的捕獲量の軌跡を描いたものが、エゾシカの供給曲線である。これらは後方屈曲供給曲線の形状を有し、最大持続捕獲量（maximum sustainable yield、MSY；通常は、最大持続生産量と訳される）に対応する水準で供給量は最大となる。

このモデルでは、(5-7) 式が制御変数 $h(t)$ について線形なので、資源量が最適状態にない場合には、最速接近経路（most rapid approach path）をとる。現状の資源量 $X(t)$ と持続的資源量 X^* の関係から、$X(t) < X^*$ のときには $h^*(t) = 0$、$X(t) > X^*$ のときには $h^*(t) = h_{\max}$ というバンバン制御によって t 時点のエゾシカ捕獲量の最適経路が決定される[14]。ただし、$h_{\max}$ は最大捕獲可能な資源量である。

2. 価格が捕獲量の関数の場合の定式化

次に、エゾシカの価格が捕獲量の関数となる場合を定式化する。公的機関がベニソンの独占的供給主体として行動する場合[15]と、消費者余剰と生産者余剰の総和の最大化という社会的最適化を目指して行動する場合について分析するものとし、以下ではそれぞれを独占のケースおよび社会的最適化のケースと略記する。

まず、独占のケースには、エゾシカの価格は捕獲量の関数となり[16]、(5-2) 式は、

$$R_d = p(h(t))h(t) \tag{5-14}$$

と修正される。ただし、$p(h(t))$ はエゾシカの逆需要関数である。ここでは、Zivin 他［2000］と同様に、

$$p(h(t)) = b - ah(t) \tag{5-15}$$

と仮定する。時価ハミルトニアンは次のようになる。

$$Hc = [1-\alpha(X)]I + [p(h(t))-c_1(X)-c_2]h(t) + \mu[G(X)-h(t)] \tag{5-16}$$

ただし、c_2 は1頭あたり加工・残渣処理費用である。黄金率は、

$$\delta = -\frac{\alpha'(X^*)I + c_1'(X^*)G(X^*)}{MR - [c_1(X^*) + c_2]} + G'(X^*) \tag{5-17}$$

$$\text{ただし、} MR = p(G(X^*)) + \frac{\partial p(G(X^*))}{\partial h}G(X^*)$$

と修正される。

（5-17）式は X^* について整理すると3次式となり、陽に解くことは困難である。このため X^* は、黄金律の式において、割引率を所与として等号を成立させる X^* を探すことによって求める。ただし、$\delta = \infty$ の場合には解析解が得られて、

$$X^* = \frac{M}{p - c_2 - a} \tag{5-18}$$

となる。

通常、独占市場では社会的最適化がなされた場合と比較して資源の過少利用が生じる結果、資源保護的となる。しかし、後述するように、ベニソンの供給曲線は後方屈曲型になることから、ベニソンの供給曲線と需要曲線の形状次第では、むしろ独占のケースの方が資源を多く利用する状況が生じうる。

そこで、比較のために、次に社会的最適化のケースをみてみる。この時の時価ハミルトニアンは、

$$Hc = [1-\alpha(X)]I + U(h(t)) - [c_1(X) - c_2]h(t) + \mu[G(X) - h(t)] \tag{5-19}$$

となる。ただし、$U(h(t))$ はエゾシカを消費することの総社会的効用であり、$U(h(t)) = \int p(h(t))dh$ である。黄金律は、

$$\delta = -\frac{\alpha'(X^*)I + c_1'(X^*)G(X^*)}{p(G(X^*)) - [c_1(X^*) + c_2]} + G'(X^*) \tag{5-20}$$

と修正される。(5-20) 式は、(5-17) 式において、$\partial p/\partial h = 0$ となる場合である。

3. パラメータの値の仮定

本小節では、分析の対象範囲とパラメータを設定し、次節以下で価格が所与の場合と捕獲量の関数の場合について分析をおこなう。

エゾシカは1980年代半ばには利用しうる生息地に分布し終えたと考えられ、1984(昭和59)年と1991(平成3)年の調査でもエゾシカが確認された区画の数はさほど変化していない（Kaji *et al.* [2000]）。よって、今後、生息地が大幅に拡大するとは考え難い。そこで、以下では「エゾシカ保護管理計画」の対象支庁を分析対象とし、これら支庁の「その他民有林（道有林および市町村有林以外の民有林)」面積（約1万km²）を分析に用いる[17]。

以下では、自己増殖率 r、環境容量 K、割引率 δ、林業収入 I、単位あたり価格 p、捕獲費用 M、単位あたり加工・残渣処理費用 c_2、逆需要関数の傾き a と切片 b、比例定数 n をパラメータとして設定する。パラメータとして設定する理由は、単位あたり価格は、政策変数と考えうるためであり、その他の変数は、経済的・社会的事情により変化しうるものであって、また現状では確実な値が得られないものがあり、感度分析を実施できることが望ましいためである。

まず、自己増殖率 r は北海道環境生活部 [2000, 2002] より、年率0.15とする[18]。

環境容量 K は、一般に狩猟がない自然状態で達成される資源量である。ニホンジカ[19]の場合、金華山島の事例のように自然状態では増加の一途を辿った後、大量死が発生して資源量が半減するというケースが各地で散見される（Caughley [1969]、高槻 [1989] 参照)。特に北海道では、冬季の積雪量次第で大量斃死が発生する（宇野他 [1998]）。このため環境容量は、エゾシカの大量減少が生じない最大資源量水準とするのが適当と考えられる。

エゾシカの冬季の大量斃死の主原因は餌不足であるため、ササ資源量に基づく環境容量を設定すべきであろう。

北海道環境科学研究センター他［2001］は予備的な調査段階とした上で、ササのみを食物としたときの環境容量は94.4頭/km^{2}であり、冬季は積雪でササの利用可能量が減少するため、これより低い値になるとしている。この値は、ササ自身が持続しうるエゾシカの資源量密度でもある。他方で、生態学的環境容量[20]を用いて洞爺湖中島の事例を分析した結果からは、資源量が約30頭/km^{2}でササの部分的な衰退がみられ、45頭/km^{2}で消失するとしている。

以上から、本章では環境容量は25頭/km^{2}と設定する。現状のエゾシカは増加途上にあり、Yokoyama *et al.*［2000］によれば被害が最も深刻な東部地域のエゾシカ密度は11.5頭/km^{2}なので、25頭/km^{2}程度という設定は適当と考えられる[21]。

割引率δは、iを利子率（離散）として、$\delta = \ln(1+i)$となる値であり、$i = 0.1$程度までは利子率iと割引率δはほぼ同じ値である。自然資源を対象とした場合、将来資源の価値の割引には、当該資源に対する意思決定者の態度も反映されると考えられる。近年、北海道の林業経営は赤字傾向であり、エゾシカは地域資源として十分に認識されていないといえる。こうした状況では、将来資源の割引率は利子率から乖離して高めの値を取ると考えられる。そこで、以下では、割引率＝∞のケースをも含めて考察をおこなう。

林業収入Iは以下のように導出した。農林水産省統計情報部

［1991-2002］における1989(平成元)年〜2000(平成12)年の北海道の林業粗収入を総務庁統計局［2002］による2000(平成12)年基準の消費者物価指数（全国、総合）でデフレートし、12年間の平均を取ると、林家あたり約34万5,000円である[22]。他方、同時期のエゾシカによる林業の被害額平均（東部地域）は[23]、林家あたり約10万4,000円である[24]。よって、エゾシカの被害がない場合の林業期待粗利益は、林家あたり約44万9,000円である。これを林家あたり経営土地面積で割ると[25]、1km²あたり約2万9,000円となる。これを林業収入Iとする。

単位あたり価格pは、青柳［2003］によると、現状では食肉業者の枝肉の買取価格が3,000〜1万6,000円/1頭、解体肉が1,000〜3,000円/kgなので、本章では上限を2.4万円/頭とする。

捕獲費用Mは、時間の機会費用×1日の出猟時間×平均出猟日数÷林家あたり経営土地面積と仮定する。時間の機会費用は、厚生労働省［2002］から、1時間あたり約2,000円とした[26]。1日の出猟時間は8時間と仮定した。平均出猟日数は、青柳［2003］からシカ肉有効活用事業参加者の平均出猟日数である23.6日とした。これらを掛け合わせたものを、林家あたり経営土地面積で割ると、捕獲費用Mは、約2万4,000円/km²となる[27]。

単位あたり加工・残渣処理費用c_2は、次のようにして求めた。加工（と畜、解体）費用は、各地の食肉センター等の使用料を参考に、4,000円/頭とした。また、製造段階の動植物性残渣は食品リサイクル法で産業廃棄物扱いと定められている。そこで、残渣処理費用は、「北海道産業廃棄物循環利用促進税条例（仮称）」

で示された基本税率から、1円/kgとした[28]。これよりc_2は、1頭あたり約4,100円である[29]。

aとbは、(5-15) 式で定義したエゾシカの逆需要関数の傾きと切片であり、後述するように価格弾力性は比較的大きいと予想されることから、切片は2.4万円、傾きは2,000円/頭と設定する。

最後に、比例定数nは次のようにして求めた。被害額が最も甚大であった1995(平成7)年〜1998(平成10)年の東部地域における林業被害額が林業期待粗利益に占める割合は、約57%である。この時期は冬季の大量斃死等がないため資源量は環境容量未満だが、環境容量に近い値であったと考えられる。そこで、資源量を20頭/km²と仮定すると、比例定数nは約0.028となる[30]。

以上のパラメータをまとめたのが、表5-1である。

表5-1 パラメータの仮定

記号	設定値	単位	意味
r	0.15	/年	自己増殖率
K	25	頭/km²	環境容量
δ	$\leq \infty$	/年	割引率
p	$\leq 24,000$	円/頭	1頭あたり価格
M	24,319	円/km²	捕獲費用
n	0.028	−	比例定数
I	29,229	円/km²	林業収入
c_2	4,072	円/頭	1頭あたり加工・残渣処理費用
a	2,000	円/頭	逆需要関数の傾き
b	24,000	円	逆需要関数の切片

第4節 分　　析

まず、価格が所与の場合をみる。(5-11)〜(5-13) 式で割引率をゼロから∞まで、価格を2.4万円までの範囲で動かしたときのエゾシカの供給曲線（太線）が図5-2の上図に、成長曲線が下図に描かれている。図5-2の上図の縦軸は、エゾシカ1頭あたりの単価、横軸は持続的捕獲量であり、下図の縦軸は持続的資源量、横軸は成長量である。

図5-2の供給曲線は、非常に特徴的である。第1に、割引率 δ =0.11 のときには、価格に関係なく常に一定の持続的資源量 X^* と持続的捕獲量 h^* が達成される。第2に、単価が約6,500円のときに、この水準上の1点で、すべての供給曲線が交わる。第3に、δ <0.11 のときには、成長曲線と供給曲線の対応関係が、通常とは逆になる。すなわち、通常は割引率 δ の値に関係なく、再生資源の供給曲線が価格軸と交わる点が成長関数の持続的資源量の最も高い点に対応する。ところが、本章のケースでは、δ <0.11 のときには、価格が上昇するほど対応する持続的資源量水準が高くなる。δ >0.11 のときには、通常と同様の対応関係になる。

第3点を具体的にみてみる。図5-2には、δ =0と∞の時の供給曲線について、単価が5,000円と1万円の水準に対応する持続的資源量 X^* が点線で示されている。δ =0 のときには、単価1万円と5,000円に対応する X^* はそれぞれ6.9頭/km² と1.29頭/km² であり、価格が高いときの方が X^* が高いという、通常とは逆の

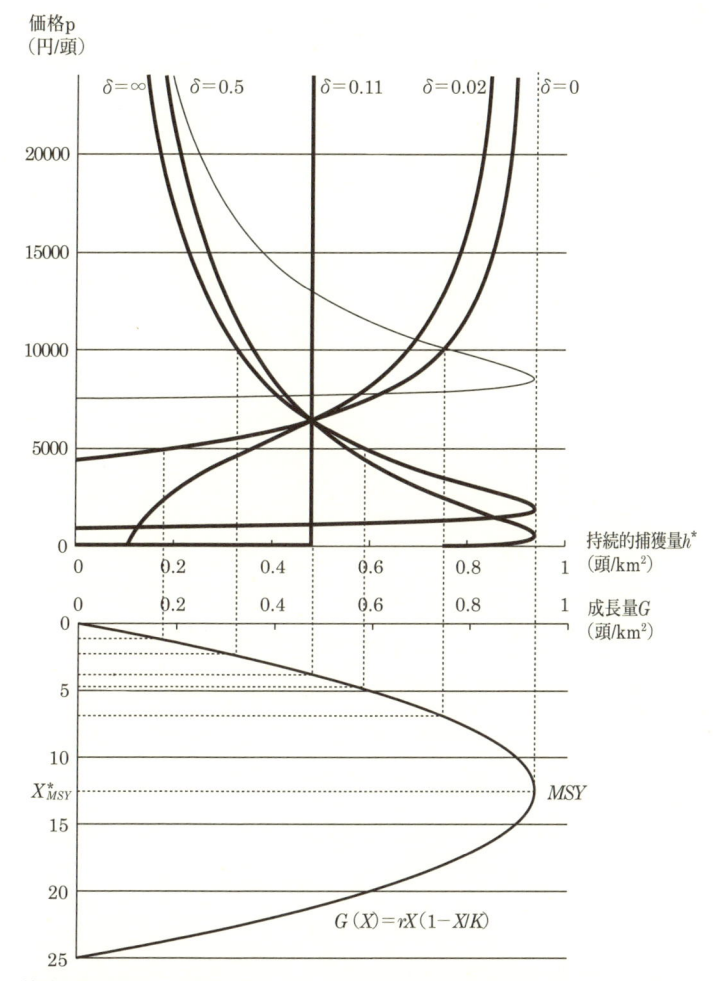

第5章　地域資源としてのエゾシカの最適管理　*143*

価格p
（円/頭）

$\delta=\infty$　$\delta=0.5$　$\delta=0.11$　$\delta=0.02$　$\delta=0$

持続的捕獲量h^*（頭/km²）

成長量G（頭/km²）

X^*_{MSY}　　MSY

$G(X) = rX(1-X/K)$

持続的資源量X^*（頭/km²）
注：上図の太線は価格が所与の場合、細線は価格が資源量の関数の場合（$\delta=\infty$のケース）

図5-2　エゾシカの供給曲線（上図）と成長曲線（下図）

対応関係になっている（表5-2参照）。これに対し、$\delta=\infty$のときには、単価1万円と5,000円に対応するX^*はそれぞれ2.43頭/km^{2}と4.86頭/km^{2}であり、価格が低いときの方がX^*が高いという、通常と同様の結果になっている。

表5-2 持続的資源量X^*と持続的捕獲量h^*

価格		割引率（δ）	
		$\delta=0$	$\delta=\infty$
5,000円	X^*	1.29	4.86
	h^*	0.18	0.59
10,000円	X^*	6.90	2.43
	h^*	0.75	0.33

このように、$\delta=0.11$を臨界値として上述の変化が生じる理由は、次のように考えられる。$\delta<0.11$の場合をみると、このときには割引率が相対的に低いため将来の伐採林からの収益があまり割り引かれない。このとき、エゾシカの単価が低ければ林業収入と比較してベニソン販売による収益が見込まれず、極力エゾシカの資源量を少なくして林業収入を維持することになる。単価が上昇するにつれてベニソンの販売収益が増加するため、エゾシカをいっそう保全すると考えられる。

次に、価格が捕獲量の関数の場合をみる。比較のために、独占の場合と社会的最適化の場合で同じ需要曲線に直面すると仮定する。このとき、割引率が同じならば、通常は独占の方が社会的最適化の場合よりもエゾシカ資源に対して保護的になる。すなわ

ち、同じ割引率を前提にすると、ある持続的資源量が最適となるには、独占の方が高い価格が付き、供給曲線は全体的に上方に位置する。$\delta=\infty$ の場合には解析的に求められるので、図5-2に細線で示した。

しかしながら、独占の方が資源保護的という結果が成立するのは $\delta>0.11$ の場合である。上述のように、本章のモデルでは $\delta<0.11$ のときには供給曲線と持続的資源量との関係が通常とは反対である。このため、供給曲線そのものは先と同様に社会的最適の供給曲線よりも独占の方が上方に位置しているものの、同じ割引率と価格の下で、持続的資源量は、社会的最適化の方が独占よりも高い水準になる。

第5節 考　察

以上の結果をもとにして、以下ではまず、価格が所与の場合を取り上げて本章で得られた供給曲線の特徴から、エゾシカ管理について何がいえるかを見る。次に、独占の場合と社会的最適化の場合を比較する。

図5-3と図5-4は、持続的資源量を3頭/km²以上または4頭/km²以上にするのに必要なエゾシカの最低価格および最高価格が、割引率でどう変化するかを示したものである[31]。これらの水準は、$\delta=0.11$ に対応する持続的資源量である約3.8頭/km²の両側の値である。

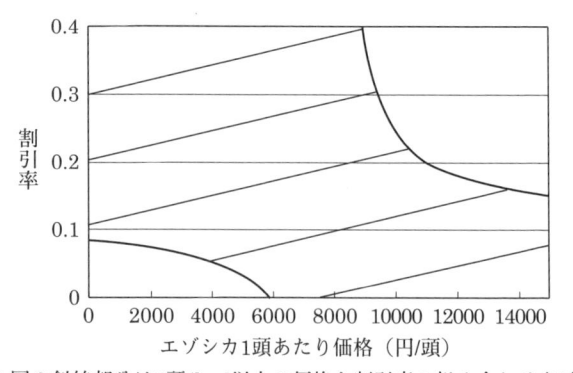

注：図の斜線部分は3頭/km²以上の価格と割引率の組み合わせを示す

図5-3　持続的資源量を3頭/km²以上にするための最低/最高価格

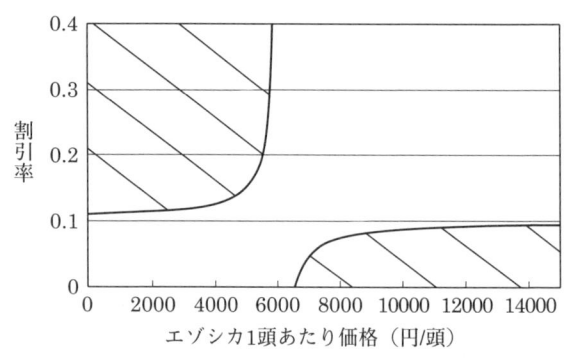

注：図の斜線部分は4頭/km²以上の価格と割引率の組み合わせを示す

図5-4　持続的資源量を4頭/km²以上にするための最低/最高価格

エゾシカの持続的資源量を$\delta=0.11$に対応する約3.8頭/km²で管理する場合、エゾシカの価格の変化に関係なく、常にこの持続的資源量を達成できる。しかし、これ以外の持続的資源量水準を維持する場合には、割引率に応じて最高価格もしくは最低価格

を設定する必要が生じる。とりわけ図5-4で示すように、$\delta=0.11$に対応する約3.8頭/km^{2}よりも高い持続的資源量を維持する場合には、$\delta=0.11$の上下で最高価格と最低価格の設定の入れ替えという、大幅な管理基準の変更を余儀なくされる。

　供給曲線からわかる2つ目のことは、MSYの水準に対応する持続的資源量（以下、X^*_{MSY}とする）よりも多くの持続的資源量を維持することは、エゾシカの場合には実行困難と予想されることである。$\delta<0.11$の場合、図5-2からわかるように、供給曲線はエゾシカの単価の上昇につれて漸近的にMSYの水準に近づくため、X^*_{MSY}以上の持続的資源量を達成できない。$\delta>0.11$の場合には、X^*_{MSY}以上の持続的資源量が達成される可能性はある。しかし、そのときの均衡価格は非常に低くなり、X^*_{MSY}となるのは$\delta=0.5$の時で600円、$0.11<\delta<0.33$の範囲では0円である。

　欧米のシカ管理では、X^*_{MSY}以上で持続的資源量を維持することがしばしば管理目標である[32]。だが、エゾシカでは、上述のように、X^*_{MSY}以下での管理が適切になると考えられる。このように、従来と異なる結果が得られた理由をみるため、パラメータの値を変化させた場合の持続的資源量と持続的捕獲量の変化をみておく。

　表5-3は、パラメータの値をそれぞれ個別に20%増加させた場合に、供給曲線が垂直となる割引率の値、供給曲線が互いに交点を持つときの価格、持続的資源量水準の変化をみたものである。パラメータの意味を考えれば、いずれの変化も妥当と考えられる。

表5-3 パラメータ設定値を20%増加したときの供給曲線の変化

変化させる パラメータ	供給曲線が垂直と なる割引率の値	供給曲線の交 点の価格	供給曲線が垂直となると きの持続的資源量水準
変化前	0.105	6,600	3.8
I	0.111	7,600	3.2
n	0.111	7,600	3.2
M	0.097	6.800	4.4
r	0.116	5,600	4.4
K	0.111	6,400	3.9

注：$\delta=\infty$の場合は、M以外のパラメータの変化は供給曲線の変化をもたらさない

　注目すべきは、林業収入Iと捕獲費用Mの相対的な違いである。直感的に明らかであるが、捕獲費用が林業収入を十分に凌駕すると、供給曲線は、価格が低いときには対応する持続的資源量が多くなり、価格の上昇とともに持続的資源量水準が低くなるという通常の対応関係を持つことになる。本章のケースでは、$\delta=0.02$のとき、林業収入Iが4,700円以下になれば、通常の対応関係が成立し、X^*_{MSY}以上に管理するのが適切な管理目標となる。

　捕獲には通常はある程度の費用が必要であり、その額は比較的類似した値になると考えられる。これに対して、樹木その他の林産物の売却による林業収入は、森林の状況によりかなり異なりうる。林業収入がゼロか微小な場合には、林業収入Iと捕獲費用Mが十分に乖離して、X^*_{MSY}以上に管理するのが適切な管理目標となる。本章のように捕獲費用と林業収入が十分に乖離しない状況では、従来とは異なりX^*_{MSY}以下に管理すべきという結果が得られる。以上の結果は、価格が捕獲量の関数の場合にも当てあ

まる。

次に、独占の場合と社会的最適化の場合を比較する。前節で述べたように、本章のケースでは、$\delta > 0.11$ のときには独占の方が社会的最適化よりも資源保護的であるが、$\delta < 0.11$ では社会的最適化の方が資源保護的になるという特徴を有する。そこで、その差がどの程度かをみてみる。

そのために、エゾシカの需要曲線を以下のように仮定する。一般にシカの肉は野生鳥獣の肉のうちでも高級食材であり、高級料理や健康食品等に用いられていること、他の野生鳥獣の肉や畜産による食肉など代替財が存在すると考えられることから、価格弾力性は比較的大きいと予想される。そこで、エゾシカの需要関数の切片を2.4万円、傾きを2,000円/頭として割引率と持続的資源量の組み合わせをみたのが図5-5であり、持続的資源量は社会的最適化の場合の持続的資源量と独占の場合の持続的資源量の差として示されている。

割引率 $\delta = 0.02$ 程度のときには、社会的最適化の場合の持続的資源量（約8頭/km^2）が独占の場合のそれよりも0.25頭/km^{2}程度多い。また、図5-5からは直接わからないが、参考までに持続的資源量が8頭/km^{2}程度で、割引率の違いをみると、社会的最適化の方が0.24頭/km^{2}程度高くなっている。

これらの結果から、本章のケースでは、社会的最適化と独占とでは、$\delta = 0.11$ 以外の割引率で持続的資源量水準が乖離するものの、その差はさほど大きくないといえる。

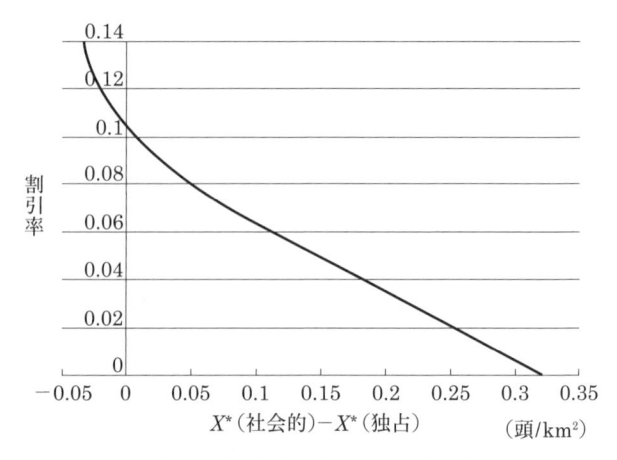

図 5-5 社会的持続的資源量と独占での持続的資源量の相違

第6節 おわりに

本章の課題は、害獣の側面を有する北海道のエゾシカの管理にあたり、現状では未検討である経済的観点を考慮して、動学的な最適管理について考察することである。林業被害を明示的に組み込んだモデルを構築して分析をおこなった結果、林産物からの収入が十分に高い場合には、MSY の水準に対応する持続的資源量よりも低い水準で野生動物を管理するのが適当という結果が得られた。このため、北海道で現在実施されているエゾシカの管理計画で示されたエゾシカの資源量水準は、経済学的観点からも追認しうる水準であるといえる。

また、本章では、価格の変化に関係なく一定の持続的資源量水準を達成できる割引率が存在し、かつ、それ以外の持続的資源量

水準で管理する場合は、割引率や野生動物の価格の変化次第では大幅な管理基準の変更を余儀なくされるという知見が得られた。管理基準の大幅な変更を避けるためには、左側（低い資源量水準）で管理すべきであるが[33]、実際に左側を選択する場合には、最小存続可能個体数（minimum viable population）水準[34]よりも高い水準であるかに留意する必要がある。

さらに、本章の事例では、社会的最適化の場合と独占の場合とで持続的資源量水準の相違はほとんどないことを明らかにした。

本章では、エゾシカによる農林業以外の被害（交通事故や植生への被害）やエゾシカの非利用価値を目的関数等に組み込まなかった。これは今後の課題としたい。

注
1) 全道における平成12年の被害作物に占める牧草の割合は約半分であった（北海道環境生活部［2000, 2002］）。また、釧路支庁の被害額が全道に占める割合は、平成1～13年の平均で約34%、東部地域に占める割合は約42%である。
2) 牧草の場合、再生力があること、被害を免れた部分が利用可能であること、被害額は生産単価を基に計算することから、申請された牧草被害額がそのまま農家の収入減少額であるとはいえないであろう。
3) 繁殖や外敵の回避、越冬のため、林縁部を中心に生息する（高槻［1992］等）。食性は非常に可変性に富み（例えば、Yokoyama *et al.*［2000］）、春～秋は多数の草木類のほか農作物や牧草などを採食する。熊谷他［1988］によると、被害地は沢筋、山間部または防風林の近くの農地が多い。
4) 農業被害を考慮するには、主たる被害が発生する林縁部付近に位置する農家や酪農家のデータが必要となるが、現状では利用可能なデータは見当たらない。

5) ただし、エゾシカ資源量の減少に伴い農地に侵入したエゾシカが農地から離れるとは限らない。青柳［2003］の足寄町の事例では、1999 年のエゾシカの観察数は最も多く観察された時期に比べて、農耕地で約 10 分の 1、山林で約 3 分の 1 となっている。

6) 本章では、利用可能なデータに限界があるため、林業経営を想定して分析したが、モデルそのものは森林面積 A および林業収入 I を農地面積および農業収入などに置き換え、捕獲費用や比例定数の設定値を修正することで、農業や牧畜業、あるいはその組み合わせのケースにも適用可能である。

7) 筆者の知る限り、エゾシカのベニソンの消費量などの統計はない。ここで示した数値は、厚生労働省による「生シカ肉を介する E 型肝炎ウイルス食中毒事例について」（平成 15 年 8 月 1 日付け）の別添資料に基づく。

8) 白糠町 HP (http://www.hokkai.or.jp/siranuka/) によると、シカ肉の有効活用の事例として、足寄町の他に鹿追町農協、西興部町養鹿研究会（鹿牧場で飼育したものを出荷）がある。

9) 中国新聞平成 15 年 4 月 25 日の特集記事「猪変」によると、社団法人エゾシカ協会が把握しているエゾシカの解体処理施設は、道内に 4、5 か所で、年間の処理頭数は数百頭程度である。

10) 社団法人エゾシカ協会のサイト (http://www.yezodeer.com/index.html) 記載内容を参照。

11) 上述の社団法人エゾシカ協会のサイトは、年間 3 万頭の利用で、最低でも 150 億円の経済効果が見込まれるとしている。また、シカ等の害獣の側面を持つ野生動物の地域資源としての活用等について論じたものとして、大泰司［1985］がある。

12) エゾシカの資源量は、個別の林業経営者による捕獲の総和に基づいて決まるため、他の経営者の行動によって自らの捕獲量を決めるというゲーム論的な状況を想定した定式化をおこなう方が現実に即しているという課題が、この定式化では残っている。公的機関を意思決定者と仮定し、1 頭あたりの加工・残渣処理費用の項を追加して定式化することも考えられるが、その場合にもゲーム論的な状況は存在し、かつ個々の林業経営者に

最適解に即した行動を採らせるためのモニタリング費用などを考慮する必要が生じる。現状では価格を所与としており、これを記述するモデルでは、意思決定者を公的機関と仮定するよりも、個々の林業経営者とする方が現実に即していると考えられる。

13) 環境容量を可変的にしたモデルは、例えば、Barbier *et al.* [2002] を参照。

14) 資源量が上限値を超えた場合に、ある水準まで捕獲する方法を間欠的操作（pulsing control）という（例えば、Rondeau [2003]）。バンバン制御と持続的生産量の組み合わせよりも、間欠的操作の期待純便益が大きくなる可能性がある。だが、捕獲量がその時々で変動するとベニソンの供給量が安定しないため、間欠的操作では現実妥当性に欠ける。実際、青柳 [2003] は、一定のベニソンを確保できないことが恒常的な利益が生まれない理由であるとしている。

15) 自然資源を対象とした場合の独占では供給量には上限が存在する点で、通常の独占とは異なる。以下の分析では上限は設定していない。

16) 独占のケースおよび社会的最適化のケースは、Clark [1976]、Clark [1985] などで考察されている。以下は、これらを参照した。

17) 総森林面積を用いると、高所部の利用が少ない地域が含まれる。エゾシカが主に利用するのは森林施業がなされた場所などなので、その他民有林面積を分析対象とする。

18) 北海道環境科学研究センター [1997] では、洞爺湖中島のエゾシカは増加期末期の年増加率が 0.177 と推定されている。

19) エゾシカはニホンジカの 1 亜種である。

20) McCullough [1984] による概念であり、deCalesta and Stout [1997] が適正密度区分の考えを追加した。エゾシカへの適用は、梶 [1986]、北海道環境科学研究センター他 [2001] を参照。

21) 三浦 [1973] によると、林業被害が顕在化するのは 2〜5 頭/km^2 である。他の研究では、例えば洞爺湖中島のように 40 頭/km^2 以上でも増加が観察されており（Kaji *et al.* [1984]）、5 頭程度で被害が発生するのは多く

の場合は餌不足のためではなく、通常の食害や角とぎなどの結果であると考えられる。

22) この時期の北海道の林業経営費は林業粗収入を凌駕しており、林業純収入（デフレートした値）は約2万6,000円の赤字である。

23) 北海道庁のHP
(http://www.pref.hokkaido.jp/kseikatu/ks-kskky/sika/data/damage.pdf)
に掲載されている「エゾシカによる農業、林業被害金額の推移」による。

24) 農林水産省統計情報部［1991-2002］では、近年の北海道の林家総数が記載されていない。総務庁統計局・統計研修所［2002］から全道の林業従事者世帯数は4,400人で、林家の平均世帯員数が4人なので、全道の林業従事世帯数は1,100である。これを本章の分析の対象とする支庁の割合で調整して、東部地域の林家数を約700とした。

25) その他民有林面積を東部地域の林家数で割って1世帯（家計）あたりの所有面積を求めると約15km^{2}となる。総務庁統計局・統計研修所［2002］によると、北海道の経営土地面積は1家計あたり0.5km^{2}であり、ここで得た値は過大な値になっている。その理由は、対象とする支庁には3万8,311人の林業組合員がいる（北海道水産林務部［2002］）ことから推察されるように、民有林所有者の大半が林業に従事していないためである。本章では、林業に従事している家計のみの森林面積が得られないため、1家計あたりの所有面積を約15km^{2}と設定する。

26) 第1表の北海道、企業規模計・産業計・男性労働者の「きまって支給する現金給与額」を「所定内実労働時間数」で割って求めた。

27) 実際には、エゾシカの捕獲がレクリエーションとなるケースを想定しうる。その多くは、道外等からのハンターが該当するであろう。青柳［2003］によると道外のハンターは約1週間の滞在で30万円程度の支出をしており、林業経営者と同程度の費用を要しているとみなせる。

28) 北海道総務部税務課「北海道産業廃棄物循環的利用促進税条例（仮称）素案の見直し案」（平成14年9月）による。

29) c_2は捕獲量の関数とする方が適切と考えられるが、1頭あたりのデータ

しか入手できなかったため、定数とした。
30) Yokoyama et al. [2000] による 11.5 頭/km² という東部地域のエゾシカ密度の時期は平成 5 年頃までと思われる。この時期に較べ平成 7～10 年頃の林業被害が大幅に増加しているため、環境容量は約 20 頭/km² と仮定した。約 15 頭/km² と仮定すると、d は約 0.038 である。
31) 臨界値 $\delta=0.11$ で供給曲線の増減が逆の形状となることから、以下では、臨界値に対応する約 3.8 頭/km² に最も近い整数である 3 頭/km² 以上および 4 頭 km² を例として説明する。
32) 梶 [1986]、北海道環境科学研究センター他 [2001] によると、X^*_{MSY} 以上に維持する理由は最大持続捕獲量を確保可能にするためと、その資源の持続性を維持するためである。
33) 垂直な供給曲線が得られる δ の値は、パラメータの設定値に依存して変動する。垂直になる δ の値が大きいほど垂直になる場所は左方になることと、通常利子率が 0.2 などの高率を取らないことから、垂直になる位置がかなり左方にある時は、むしろ右側で管理するのが適切と考えられる。
34) ある種が存続するために最小限必要とされる資源量のことである。

第6章

被食―捕食関係にある捕獲対象種と害獣の最適管理

第1節　はじめに

　わが国では近年、野生生物に対する社会的関心が高まっている。各地でシカ、サル、イノシシ等の都市部での出没や農作物被害が問題となっている。他方で、西中国地方のツキノワグマや北海道のヒグマは、人間との軋轢が生じるとともに、資源量の減少が懸念されている。この背景には、これまで野生生物の適切な資源量管理がおこなわれなかったという事情があるといえよう。

　そのような中、2000(平成12)年6月に「鳥獣保護及狩猟ニ関スル法律」(以下、旧鳥獣法)が改正され、科学的・計画的な管理に基づく野生生物管理を実施する「特定鳥獣保護管理計画制度」が創設された。さらに、2003(平成15)年4月には旧鳥獣法が全面的に改正され、「鳥獣の保護及び狩猟の適正化に関する法律」が施行された。その結果、狩猟者や捕獲者に捕獲頭数の報告を義務づけるなど、野生生物の科学的・計画的な管理のための仕組み

が整いつつある。

　だが、保護されるべき生物が害獣の側面を強く有する場合には、例えば、北海道のエゾシカ管理のように、絶滅する確率を十分小さくするという制約の下で目標資源量は低水準に設定されている。それは、第1に、わが国における野生生物管理は始まったばかりであり、被害の軽減を主要な目標にせざるを得ない面があること、第2に生物学的検討が中心で、経済・社会面からの検討がほとんどなされていないためと考えられる。

　このような背景の下、北海道環境科学研究センター他［2001］は、現行の管理基準の生態学的、社会・経済学的妥当性を検討する必要性を指摘している。第5章では、エゾシカを事例として取り上げ、資源経済学的な手法を用いて最適利用を考察した。さらに本章では、分析の対象を1種から2種に拡張して害獣の側面を持つ野生生物の最適管理を考察する。特に、害獣が獣肉、毛皮、牙など経済的価値を有する属性をほとんど有しておらず[1]、かつ魚介類など商品として売買される経済財を捕食している状況をとりあげる。

　以下では、第2節において、害獣としての捕食者の事例を概観する。最適管理について検討するために、第3節では捕食者（害獣）―被食者モデルを構築する。第4節で数値シミュレーションをおこない、第5節において本章から得られる結果を考察する。

第2節　捕食者にみる害獣の側面

1.　エゾオオカミの場合

間野［1998］によれば、2度の大雪と乱獲によって、1875（明治8）年には12万9,166頭であったエゾシカの捕獲数は、1882（明治15）年には1万5,429頭にまで減少した。その結果、エゾシカを主要な餌としていたエゾオオカミは馬などの家畜を襲うようになった。このため当時の開拓使（のちの北海道庁）が懸賞金つきで捕獲を進めた結果、1886（明治19）年から翌年にかけて多数のエゾオオカミが捕獲され、19世紀末にはエゾオオカミは絶滅したと考えられている。

2.　鰭脚類の場合

近年では、鰭脚類が有用魚類を捕食し漁具被害を生じさせるため駆除され、大幅に減少している。オットセイ以外の鰭脚類は水産資源保護法や旧鳥獣法では対象外であり、自由に捕獲されてきた（伊藤他［1982］、大泰司他［1988］）。

ゼニガタアザラシは、北海道東部の沿岸部に通年生息している。毛皮に価値があったことや、サケ、マスの食害、付傷、操業妨害などを理由に1950年代頃から駆除の対象とされた（羽山［1985］）。

羅臼沿岸には2～4月にゴマフアザラシとクラカゲアザラシが来遊する（後藤［1999a］）。1960年代にはオホーツク海南部や根室海峡を中心に、これらを中心としたアザラシが年間2～3千頭

捕獲された（大泰司他［1988］）。その結果、生息数（来遊数）や繁殖場が大きく減少している。

ドドは日本海からオホーツク海を経てカリフォルニア沿岸までの北太平洋に分布する。千島列島以北に繁殖場を持ち、11〜5月に北海道沿岸に来遊する（和田他［1999］）。1961(昭和36)〜1992(平成4)年の間に2万2,481頭が駆除された（Takahashi and Wada［1998］）結果、北海道沿岸への来遊数は1960〜1990年代にかけて2万頭から4,000頭に激減した（Loughlin et al.［1992］）。

駆除をおこなう理由の1つは漁業被害である。後藤［1999a］、後藤［1999b］によると、羅臼海域ではトド、ゴマフアザラシ、クラカゲアザラシの餌生物はタラ類が多く、特にスケトウダラが卓越する[2]。次にマダラが多く摂餌される。これらは羅臼海域において、冬季に最も漁獲量が多い魚種である。

3. 害獣として顕在化する理由

これらの事例に共通するのは、被食者が同時に人間が利用する資源になっていることである。当時エゾシカの肉は缶詰にされ、輸出された。スケトウダラやマダラは現在でも北海道の主要な海産物である。

このため、次のように考察できるだろう。人間による多量の捕獲で被食者が減少した。これは一方で捕食者の餌不足を招き捕食者の個体数が減少するとともに、漁具被害などの発生頻度を高めた。他方で、被食者の減少は捕獲量の減少となり、その原因が捕

食者による捕食に求められ、駆除が強められた。被食者の減少の根本的理由は人による捕獲量が過剰であったためと考えられるが、現実には捕食者による被害に注目が集まり、捕食者は害獣として駆除されている。

このような指摘は少なくない。例えば、Lowry et al. [1989] は、東部ベーリング海からアラスカのトドは胃内容物の58%をスケトウダラに依存しており、両海域のスケトウダラの漁獲量が近年急増した結果、トドの個体数が減少したとする。両者の因果関係は明らかにはされていないが、アラスカ湾ではスケトウダラ漁による過剰な漁獲とトドによる捕食がスケソウダラの持続的な個体数を超えたために資源状態が悪化し、トドの個体数が減少したと考えられている[3]。

後藤 [1999a] は、1990年代の羅臼海域におけるスケトウダラ資源量の減少がトドの来遊数の減少を招いたと考えられるとしている。和田他 [1999] は減少するトドの保護に際しては、駆除を止めるだけでなく、その海域における餌を一定量保障する必要があるとしている。

そこで以下では、社会的に望ましい捕食者と被食者の最適資源量および最適捕獲量を一般的に検討する。

第3節　モデルの構築

本章では、第1章でみた自然資源の管理モデルを被食者―捕食者という2種モデルに拡張する。基本となる被食者―捕食者モデルには、ロトカ―ヴォルテラによる定式化の主要な問題点を改善した Bulmer [1994] を採用し、本章では、これを動態方程式として動学的最適化問題を定式化する。その際に、従来のモデルではほとんど考慮されなかった非消耗的価値を目的関数に組み込んでいる。

本章で導出する最適解は、第1章で示した Clark and Munro [1975] による最適解の導出方法を適用して得たものである。捕食者の売価をゼロと仮定した結果、捕食者に関する黄金律が割引率 δ を含まない形になっている点などが、第1章のモデルとの相違点である。

1.　自然状態での資源動態

被食者―捕食者の基本的なモデルはロトカ―ヴォルテラモデルであり、次のように表される。

$$\frac{dx}{dt} = (r_1 - k_1 y)x \tag{6-1}$$

$$\frac{dy}{dt} = (-r_2 + k_2 x)y \tag{6-2}$$

ここで、x、y はそれぞれ被食者、捕食者の資源量であり、r は増殖率、k は定数である。

このモデルは、捕食者 $y=0$ のとき、被食者は r_1 の割合で指数的に増加する、という問題がある。これは、被食者の動態を次のように修正することで解決される。

$$\frac{dx}{dt}=r_1\left(1-\frac{x}{K}\right)x-mxy \qquad (6\text{-}3)$$

ここで K は被食者の環境容量、m は定数である。(6-2) 式と (6-3) 式を用いた場合、被食者の資源量に比例して捕食者の資源量が無限に増加する点が問題となる。Bulmer [1994] は、この問題を解決するために、次のようなモデルを提示した[4]。

$$\frac{dx}{dt}=r_1\left(1-\frac{x}{K}\right)x-\frac{m_1 xy}{1+nx} \qquad (6\text{-}4)$$

$$\frac{dy}{dt}=-r_2 y+\frac{m_2 xy}{1+nx} \qquad (6\text{-}5)$$

ここで m_1、m_2 は定数である。

2. 捕獲があるときの最適資源水準

次に、この動態方程式を用いて捕食者と被食者の最適利用を考える。被食者、捕食者の捕獲量（駆除量）を h_1、h_2、被食者の価格を p とする。捕食者の売価は現状ではほとんどないと考え、価格は設定しない。さらに、捕獲費用はモデルの単純化のため無視

第6章 被食―捕食関係にある捕獲対象種と害獣の最適管理

する。

いま、捕獲をおこなう経済主体が、捕食者と被食者から得る社会的便益の最大化を目的として行動すると仮定する。目的関数の要素として、第1に、被食者の捕獲 h_1 による収入があり、$H(h_1)$ と表す。

第2に、捕食者による被害が考えられる。一般に、捕食者の資源量に対する被食者の資源量が減少すると被害が増加すると考えられる。これは、被食者と捕食者の資源量 x と y の関数として $D(x, y)$ と表せる。

第3に、捕食者が持つ価値である。例えば、鰭脚類をみて人々が得る満足である。これは、資源量が増加するほど観察できる可能性が上昇するため、捕食者の資源量の関数として $R(y)$ と表せる。

以上から、操作変数を被食者の捕獲量 h_1 と捕食者の駆除量 h_2 として、動学的最適化問題は次のように定式化される。

$$\max_{h_1, h_2} \int_0^\infty e^{-\delta t}[H(h_1)+R(y)-D(x,y)]dt \tag{6-6}$$

s.t.

$$\frac{dx}{dt}=r_1\left(1-\frac{x}{K}\right)x-\frac{m_1 xy}{1+nx}-h_1=G(x)-\frac{m_1 xy}{1+nx}-h_1 \tag{6-7}$$

$$\frac{dy}{dt}=-r_2 y+\frac{m_2 xy}{1+nx}-h_2 \tag{6-8}$$

ここで δ は割引率である。ラグランジュ乗数を λ_1、λ_2 とすると、ラグランジアン L は次のようになる。

$$L=\int_0^\infty e^{-\delta t}\left\{[H(h_1)+R(y)-D(x,y)]+\lambda_1\left[G(x)-\frac{m_1xy}{1+nx}\right.\right.$$
$$\left.\left.-h_1-\frac{dx}{dt}\right]+\lambda_2\left[-r_2y+\frac{m_2xy}{1+nx}-h_2-\frac{dy}{dt}\right]\right\}dt \qquad (6\text{-}9)$$

$\mu_i=e^{\delta t}\lambda_i$ として、時価ハミルトニアンHcは次のようになる。

$$Hc=H(h_1)+R(y)-D(x,y)+\mu_1\left[G(x)-\frac{m_1xy}{1+nx}-h_1\right]$$
$$+\mu_2\left[-r_2y+\frac{m_2xy}{1+nx}-h_2\right] \qquad (6\text{-}10)$$

内点解を仮定すると、最適化のための条件から次が得られる。

$$\frac{\partial Hc}{\partial h_1}=H'(h_1)-\mu_1=0 \qquad (6\text{-}11)$$

$$\frac{\partial Hc}{\partial h_2}=-\mu_2=0 \qquad (6\text{-}12)$$

および、

$$\frac{\partial Hc}{\partial x}=-D_x(x,y)+\mu_1\left(G'(x)-\frac{m_1y}{(1+nx)^2}\right)+\mu_2\frac{m_2y}{(1+nx)^2}$$
$$=-\dot{\mu}_1+\delta\mu_1 \qquad (6\text{-}13)$$

$$\frac{\partial Hc}{\partial y}=R'(y)-D_y(x,y)-\mu_1\frac{m_1x}{1+nx}+\mu_2\left(-r_2+\frac{m_2x}{1+nx}\right)$$
$$=-\dot{\mu}_2+\delta\mu_2 \qquad (6\text{-}14)$$

ここで、$D_x(x,y)$、$D_y(x,y)$ は、x、yによる偏微分を示す。μ_1

の経済学的意味は、被食者1単位が減少することのシャドープライス λ_1 の現在価値である。換言すれば、被食者を1単位捕獲することによる限界費用であり、(6-11)式はこれが被食者1単位を捕獲することの限界収入 $H'(h_1)$ に等しい水準に h_1 を決めるべきことを意味している。他方で、(6-12)式は捕食者についての同様の条件であるが、捕食者に売価がないと仮定した結果、$\mu_2 = 0$ となる。

(6-11)式〜(6-14)式より被食者と捕食者の最適な資源水準 x^*、y^* を求める。定常状態では $\dot{\mu}_i = 0$ となることに注意すると、最適な資源水準 x^*、y^* は次の2式で与えられる。

$$\delta = \frac{-D_x(x,y)}{H'(h_1)} + G'(x) - \frac{m_1 y}{(1+nx)^2} \tag{6-15}$$

$$R'(y) = D_y(x,y) + H'(h_1)\frac{m_1 x}{1+nx} \tag{6-16}$$

(6-15)式と(6-16)式はともに $x = x^*$、$y = y^*$ となるときの条件を示しており、資源経済学の黄金律である。

第4節　数値シミュレーションによる分析

1. 関数型の特定

数値シミュレーションをおこなうために、関数型を特定する。$H(h_1)$ は、捕獲量に単位あたり価格を掛け、

$$H(h_1) = ph_1 \tag{6-17}$$

とする[5]。

$D(x, y)$ は、前述の議論のように、人間が被食者を過剰に利用するために被害が発生すると考えられる。そこで、捕食者と被食者の比率を用いて、

$$D(x, y) = \frac{\alpha y + \varepsilon}{x}, \quad \alpha > 0 \tag{6-18}$$

とする。ただし、α、ε は定数である。

$R(y)$ の増加率は、捕食者の増加とともに減少すると考えられるため、

$$R(y) = \beta \ln(y), \quad \beta > 0 \tag{6-19}$$

とする。ただし、β は定数である。このとき、(6-5) 式、(6-6) 式はそれぞれ次のようになる。

$$\delta = \frac{\alpha y + \varepsilon}{px^2} + r\left(1 - \frac{2}{K}x\right) - \frac{m_1 y}{(1+nx)^2} \tag{6-20}$$

$$y = \frac{\beta}{\dfrac{\alpha}{x} + \dfrac{pm_1 x}{1+nx}} \tag{6-21}$$

仮に x^* として任意の値 x^0 を選び (6-21) 式に代入すると、対

応する y^0 が得られる。これら (x^0, y^0) を (6-20) 式に代入すると対応する割引率 δ が導出される。よって、x を 0 から K まで変化させることで、x^* の各水準での捕食者の最適資源量 y^* と対応する割引率 δ が得られる。

2. 自然状態での資源変動

捕食者と被食者は、

$$(\bar{x}, \bar{y}) = \left(\frac{r_2}{m_2 - r_2 n}, \frac{r_1(1 + n\bar{x})(1 - \bar{x}/K)}{m_1} \right) \quad (6\text{-}22)$$

で与えられる定常点 (stationary point) の組合せを持つ。パラメータは、$m_1 = 0.1$、$m_2 = 0.01$、$n = 0.0075$、$K = 500$/年、$r_1 = 0.5$、$r_2 = 1$ と設定した。図 6-1 〜 6-2 は、資源量の初期値をともに $x = 300$、$y = 1$ とし、r_2 を 0.8 および 1 に設定したときの被食者と捕食者の資源量の変化を時系列的にみたものである[6]。図 6-1 では、捕食者の増加とともに被食者が大幅に減少し、その結果、捕食者が減少して再び被食者が増加するというサイクルが約 25 年の周期で繰り返されることがわかる。図 6-2 では、サイクルは生じず、次第に $(x, y) = (400, 4)$ という一定の値に収束する。

また、(6-22) 式から、図 6-1 のケースでは $(\bar{x}, \bar{y}) = (200, 7.5)$、図 6-2 のケースでは $(\bar{x}, \bar{y}) = (400, 4)$ となる。資源量の初期値がこの値に一致していれば、資源量は時間の経過と関係なくこの値を定常的に取り続ける。

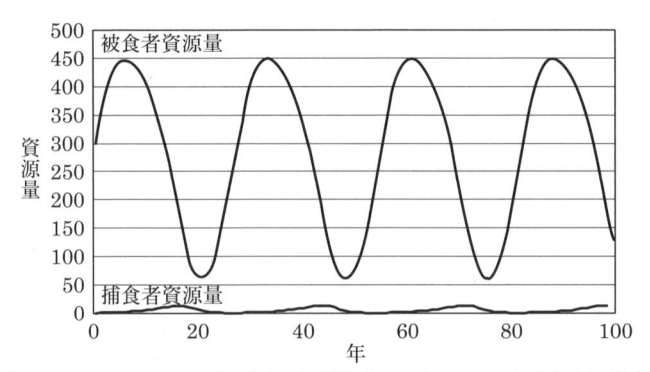

注：$r_1=0.5$、$r_2=0.8$、資源量の初期値を$x=300$、$y=1$と設定した場合

図6-1 捕食者と被食者の資源変動（1）

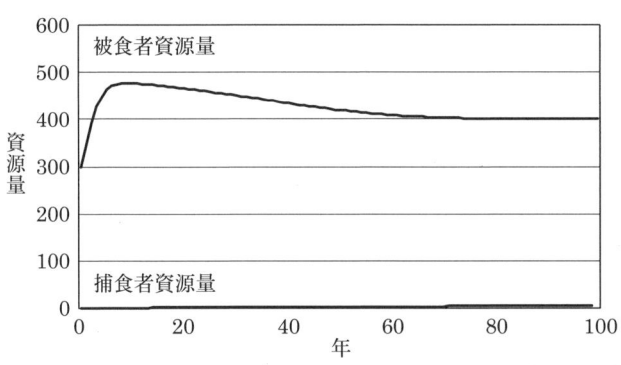

注：$r_1=0.5$、$r_2=1$、資源量の初期値を$x=300$、$y=1$と設定した場合

図6-2 捕食者と被食者の資源変動（2）

3. 捕獲がある時の最適資源水準

捕獲がある時は、上述のパラメータに加えて、α、β、ε、pを設定する必要がある。これらの値は次のようにして設定した。

まず、割引率 $\delta=0$ のときに、捕食者と被食者の資源量が (6-22) 式で与えられる自然状態での定常点の値となり、かつ、被食者の価格が 1 で被食者の捕獲量≒0 となるように、α と β の値を定めた。ε の値を設定すれば、(6-20) 式から α の値が得られ、これを (6-21) 式に代入することで β の値が得られる。ε については参考にできる値がないことから、任意に -0.01 とした[7]。

最後に、資源量の初期値は (6-22) 式で計算される定常点と等しい $x=400$, $y=4$ とし、割引率は $\delta=0$ と 5 の場合を考えることにする。以上で述べたパラメータの設定値などを表 6-1 に示す。

表 6-1 パラメータの仮定

記号	設定値	単位	意味
m_1	0.1	—	定数
m_2	0.01	—	定数
n	0.0075	—	定数
K	500	/年	環境容量
r_1	0.5	/年	被食者の自己増殖率
r_2	1	/年	捕食者の自己増殖率
δ	0 および 5	/年	割引率
ε	-0.01	—	定数
x の初期値	400	(重量)	被食者の初期資源量
y の初期値	4	(重量)	捕食者の初期資源量
α	13000	—	定数
β	170	—	定数

以下では、割引率を一定（$\delta=0$ および 5）として価格を変化させたときの捕食者の最適資源量と被食者の最適資源量、捕食者の最適資源量と被食者の最適捕獲量の関係（図6-3〜図6-4）、

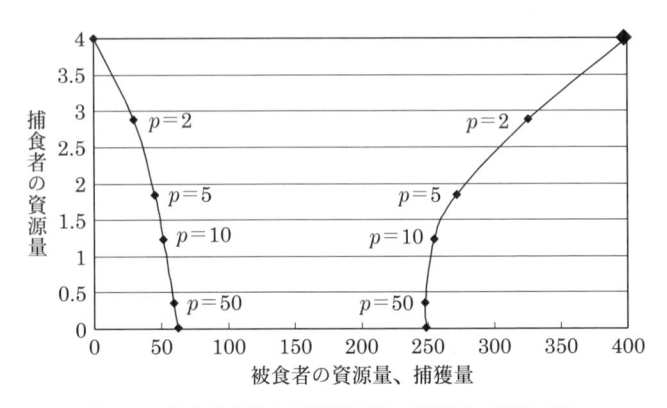

図6-3 被食者価格と最適資源量、捕獲量の関係（1）
（割引率 $\delta=0$ のケース）

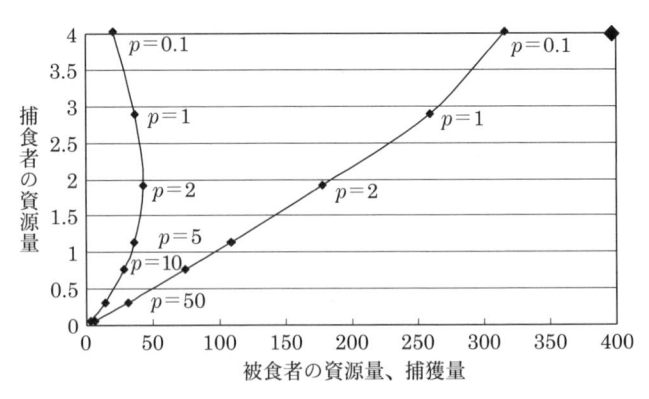

図6-4 被食者価格と最適資源量、捕獲量の関係（2）
（割引率 $\delta=5$ のケース）

第6章 被食—捕食関係にある捕獲対象種と害獣の最適管理　171

価格を一定として割引率を変化させた時の被食者の最適捕獲量と捕食者の最適資源量の関係（図6-5）、被食者の供給曲線（図6-6〜図6-7）を順にみていく。

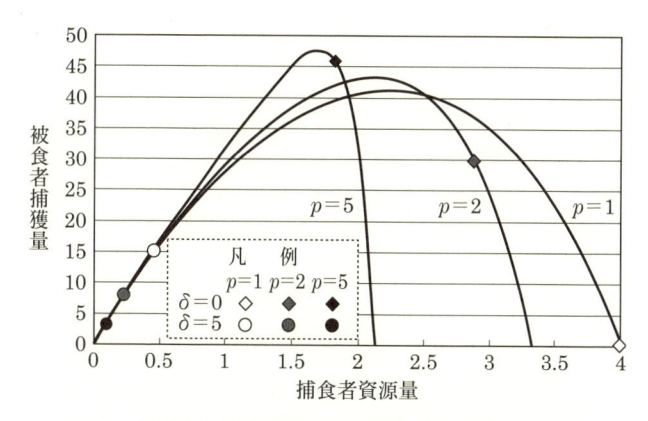

図6-5　捕食者の最適資源量と被食者の最適捕獲量の関係
（価格$p=1$、2、5のケース）

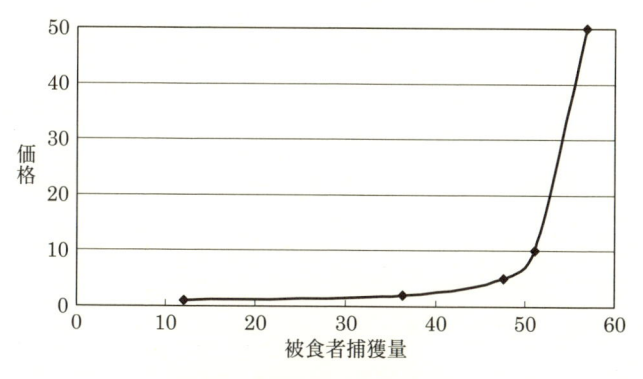

図6-6　被食者の供給曲線（1）
（割引率$\delta=0$のケース）

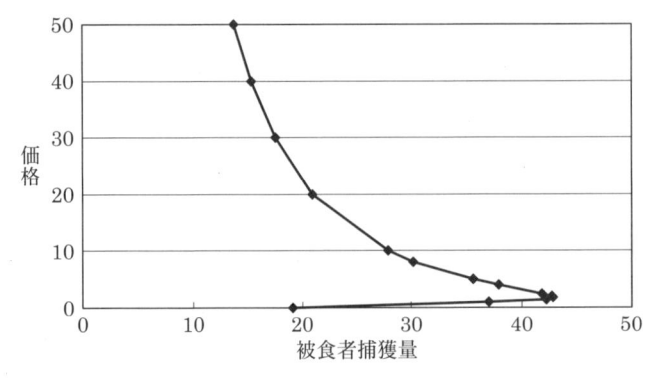

図 6-7　被食者の供給曲線（2）
（割引率 $\delta=5$ のケース）

まず、図 6-3 と図 6-4 には割引率を一定（$\delta=0,5$）としたときの、価格の変化による捕食者と被食者の最適資源量の組み合わせ（右の曲線）と、それに対応する被食者の最適捕獲量を描いた。右上の◆は x と y の初期値の組み合わせであり、ここでは自然状態での定常点と等しく設定されている。

割引率 $\delta=0$（図 6-3）の場合には、被食者の価格が無限大に近づくと、被食者の最適資源量は環境容量 K の半分に近づく[8]。このため、図 6-3 では、右の曲線は、価格の上昇とともに、$x=250$、$y=0$ に近づいている。他方で、割引率が十分に高い場合には、価格の上昇とともに、被食者の資源量も捕食者の資源量もゼロに近づく。

この図を用いて、パラメータの設定値が結果に及ぼす定性的な影響をみてみる[9]。まず r_1 は、(6-22) 式から明らかなように、値が増加するにつれて自然状態の定常点での捕食者の資源量が増

加する。同様に、r_2についても、値が増加するにつれて自然状態の定常点での被食者の資源量が増加する。$\delta=0$の場合についてみると、$r_2 \fallingdotseq 0.87$の時に、自然状態の定常点での被食者の資源量xが250となり、r_2の値がこれより小さいときは$x<250$となって右上端の菱形から伸びる曲線が右に下降する状況に、大きいときは$x>250$となり、図6-3のように右上端の菱形から伸びる曲線が左に下降する状況になる。

図6-5は価格を一定（$p=1, 2, 5$）とし、割引率を変化させたときの、捕食者の最適資源量と被食者の最適捕獲量の関係をみたものである。曲線の左側ほど割引率が高くなっている。◇は○それぞれ$\delta=0$、5のときの捕食者の最適資源量と被食者の最適捕獲量の組み合わせで、色が濃いほど価格が高い。

図6-6～図6-7は、割引率$\delta=0$（図6-6）と割引率$\delta=5$（図6-7）の場合の被食者の供給曲線を示したものである。割引率が低い場合は、価格の上昇とともに最適捕獲量は環境容量の半分の時の捕獲量（約60）に近づき、割引率が大きい場合は、価格の上昇とともに最適捕獲量は増加の後減少に転じて、後方屈曲供給曲線の形状をとる。

第5節 考　察

1. 被食者価格と最適資源量、捕獲量の関係

本章では、捕食者が持つ価値$R(y)$を目的関数に組み込んでいる。その結果、捕食者が絶滅することは、基本的には起こりえな

い。すなわち、図6-3および図6-4において、捕食者が絶滅するのが最適となるのは、被食者の価格が非常に高額な場合（$p>1,000$）である。このように、捕食者に価値を認めるならば、経済学的観点からも捕食者の絶滅は適切とはいえない。

しかしながら、価格や割引率の大きさ次第では、捕食者や被食者のかなりの水準の乱獲が起こりうると考えられる。このことをみるために、割引率を一定にして、価格を変化させたときの被食者と捕食者の関係をみたのが図6-3と図6-4である。図6-3は、割引率$\delta=0$の場合であり、このときは、価格の上昇とともに被食者の最適資源量は環境容量の半分に近づいていき、絶滅が最適となることはない。しかし、図6-4のように割引率が十分高いときには、価格の上昇とともに、被食者の最適資源量は大幅に減少する。

反対に、価格を一定にして、割引率を変化させたときの被食者と捕食者の関係をみたのが図6-5である。この図から、割引率、価格とも低い場合には、捕食者の最適資源量は価格水準によって大幅に変化することがわかる。このように、どの程度の価格までが現実的かによって、捕食者の最適資源量はかなり低い水準になりうるといえる。

2. 被食者の供給曲線と消費者余剰

図6-6と図6-7は割引率$\delta=0$と5の時の被食者の供給曲線を描いたものである。まず、割引率が高い場合（$\delta=5$）をみてみる。図6-7の上部の曲線の傾きは、被食者の最適資源量の単位あ

第6章　被食—捕食関係にある捕獲対象種と害獣の最適管理　175

たりの減少に対する価格の上昇が著しいほど、傾きが急になる（価格に対して非弾力的になる）。生産者の利益が最大化されるのは、

被食者の捕獲量×相対価格＝$h_1 \times p$

が最大になるときである。よって、図6-7に描かれた供給曲線（上部）が非弾力的であればあるほど、生産者には最適捕獲量が低水準になるまで捕獲するインセンティブが働き、対応する最適資源量水準も低い水準になるといえる。

実際には、供給曲線と需要曲線の交点が均衡となり、それに対応する水準で被食者の最適捕獲量と均衡価格が決まると考えられる。よって、均衡価格が高く、最適資源が低水準になる場合には、均衡価格を低い水準に誘導する何らかの措置がなされることが資源保全の観点からは望ましいと考えられる。

そのような措置の妥当性は、資源保全という観点に加え、Clark［1976］が指摘しているように、消費者余剰の確保という点からも是認されるであろう。図6-7に示された被食者の供給曲線の場合、後方屈曲供給曲線の形状を持つため、屈曲する点（$p ≒ 2$ の時）で消費者余剰は最大となり、その点から乖離するに従い消費者余剰は減少する。すなわち、価格を低めに誘導して現在低水準にある資源を保全することは、消費者余剰の増大と整合的である。

次に、割引率 $\delta = 0$ のときをみてみる。この場合には、価格の

上昇とともに最適捕獲量は増加し続け、通常の右上がりの供給曲線になっており、右下がりの需要曲線を仮定するならば、価格が上昇するほど消費者余剰が増加することになる。このため、価格を低めに誘導することは、消費者余剰の減少を招くことになる。

3. まとめ

以上から、割引率 $\delta = 0$ の場合には、被食者の絶滅が最適となることはないが、捕食者は被食者の価格次第ではかなりの乱獲に陥る可能性があるといえる。さらに、被食者の価格を低めに誘導することは、消費者余剰を減少させるため、被食者価格の調整による捕食者の保護は実施が難しいことが予想される。

これに対し、割引率が高い場合には、被食者、捕食者とも被食者の価格次第ではかなりの乱獲に陥る可能性があるものの、被食者の価格を低めに誘導することは消費者余剰の増大につながるため、被食者価格の調整による被食者と捕食者の保護を実施することも可能であると考えられる。

第6節 おわりに

本章で設定した課題は、経済的有用種である被食者と害獣である捕食者のケースにおいて、捕食者の絶滅が経済学的観点から最適となりうるかを検討することである。本章では、現実のデータを得られなかったことから、理論モデルを構築し、数値シミュレーションを実施することによって、捕食者に価値を認めるなら

ば、通常は絶滅が最適にはならないことを示した。しかし、被食者の価格次第では、被食者や捕食者がかなりの乱獲に陥りうることも指摘した。

本章では、被食者の供給曲線が後方屈曲する場合には、被食者価格の調整による被食者や捕食者の保護が消費者余剰の増大と整合的であることを示したものの、生産者の観点からの妥当性は十分に示していない。さらに、後方屈曲していない場合、価格次第では被食者、捕食者ともかなりの乱獲状態に陥りうることを指摘したものの、それに対する有効な対処方法を示していない。

また、モデルビルディングの面では、簡単化のために捕獲費用を無視し、現実には資源量の関数として計測することが困難と予想されるレクリエーション価値を目的関数に加えている。これらについて、より現実的なモデルを構築することが望ましいが、それは今後の課題としたい。

注
1) 経済的価値をまったく有さないケースは少ない。以下で取り上げるエゾオオカミやアザラシは毛皮、トドは肉が経済的価値を有している。しかし、それは戦後の食料難、物資不足の頃までのことであり（新妻［1994］）、近年における捕獲の主目的は農林漁業被害対策と考えられる。
2) このほか、ニシンが集中的に捕食された事例も報告されている。かつてトドが集中した厚岸湾はニシンが産卵のために回遊したが、厚岸湾でトドが卓越する時期にはニシンが唯一あるいは主要な餌であった（伊藤［1978］）。
3) これはLowry *et al.*［1989］の指摘であるが入手できなかったため、和田他［1999］のpp.236-237を要約した。

4) 被食者の個体数ではなく、捕食者と被食者の比を用いる形で修正する方法もある（Arditi and Ginzburg [1989]）。
5) 本章では（6-17）式のような仮定を置いた結果、時価ハミルトニアンを表す（6-10）式は操作変数h_1とh_2についてそれぞれ線形となっているためバンバン（bang-bang）制御がおこなわれ、任意の持続的資源量の組み合わせへは最速接近経路を辿ることになる。すなわち、「現状の資源量」＞（＜）「持続的資源量」ならば、これらが等しくなるまで最大捕獲可能な量を毎年捕獲する（まったく捕獲しない）。
6) これは、$r_2 ≒ 0.87$ の左右の整数をとってみたものである。$r_2 ≒ 0.87$ に着目する理由は後述する。
7) モデルから得られる結果がεが存在しない場合とほぼ同じになるように選んだ値である。
8) 価格が無限大に近づくと、（6-21）式からyはゼロに近づく。$y=0$、$\delta=0$を（6-20）式に代入して、$x=K/2$となる。
9) 本章は現実に得られたデータを用いた実証分析ではなく、パラメータの値の仮定によって、異なった定性的な結果が得られる可能性がある。このため、パラメータの値の仮定では以下の点に留意した。まず、第4節2.で自然状態でのパラメータの値を仮定する際には、パラメータの値の若干の変化で捕食者や被食者が絶滅するような値は避け、かつ、第4節3.では、初期値を（6-22）式から得られる定常点と等しくすることで、初期値の選び方における恣意性を排除した。また、第4節3.の冒頭で説明した方法で基準となる価格$p=1$と定数α、βを設定しており、基準とする価格を0.001や1000としても、得られる定性的結果は変化しない。

終 章

　現在、わが国の自然資源管理は、大きな変革を必要としているものの、その必要性が社会にはほとんど認識されていない状況であるといえよう。とりわけここ数年は、都市部、農漁村部を問わず、野生生物と係わる問題が数多く報道されている。こうした問題には、従来から問題となっている過剰利用と、近年特に問題視されている過少利用がある。過剰利用と係わる問題として、漁業資源の水揚量や資源量の減少は、既に永らく指摘されているにもかかわらず、多くの魚種で資源状態は依然として芳しくない。過少利用問題では、シカ、サル、イノシシなどによる農林産物の利用（人間からみると獣害）が年々深刻の度を増し、中山間地域衰退の要因の1つとされている。

　こうした中で、法整備は比較的進みつつあると評価できるかもしれない。2002(平成14)年に出された「新・生物多様性国家戦略」では、わが国が「ワシントン条約」、「ラムサール条約」、「世界遺産条約」などへの加入が非常に遅れて「日本は自然環境分野の国際条約の実施に積極的ではない」という批判を内外から受けたことが正直に指摘されるとともに、1994(平成6)年の地球サ

ミットの開催に合わせて採択された「生物多様性条約」を迅速に締約したことが、その後のこの分野における積極的な取り組みへの転換の契機になったとしている。それと前後して、1992(平成4)年には「種の保護法」、1993(平成5)年には「環境基本法」が制定され、1999(平成11)年には「旧鳥獣保護法」の改正に基づき「特定鳥獣保護管理計画」が創設され、2002(平成14)年には「鳥獣保護法」が大幅に改正された。海洋資源については、1996(平成8)年の国連海洋法条約の批准と「海洋生物資源管理法」の制定、それに基づく1997(平成9)年からのTAC制度の実施や、2002(平成12)年からのTAE制度の導入などがなされている。

こうした一連の動きはあるものの、一般には、自然資源問題に対する認識はまだまだ希薄であり、まして、どのような管理をおこなうべきかに関しては、研究者や一部の意識が高い人々の間で細々とした議論がなされているにすぎないようである。とはいえ、近年は環境問題に対する関心や取り組みが広く一般に高まっている。環境という漠然とした対象把握のもとで進みつつあるこうした取り組みが、今後は、具体的な個別の自然資源やその総体としての生態系や景観を対象として捉えた上で進展していくことが期待される。

そもそも、自然資源の管理が求められているのは、本を正せば、人間の景観や生態系への関与の仕方に問題があるからである。あるいは、現代の人間が、景観や生態系の要素として、著しく逸脱した行動をとっているためといえるであろう。例えば、自然状態では、頂点にいる種は自らの個体数を律する例がある。吉

家 [141] によると、オオカミは、独り立ちすると新しい群れを作り、テリトリーを持つために群れから離れて放浪を始める。そのときに、他の群れのテリトリーに迷い込んで見つかってしまうと、一方が死ぬまで闘いを繰り広げることになるという。こうした習性が、実は、オオカミの個体数の調整に寄与しているそうである。

　また、かつて人間の行動域が狭隘であった頃には、人間が過剰な資源利用をおこなうと、それを諫めるかのような自然の反応が有効に働いていた。例えば、モアイ像の存在で名高いイースター島を資源経済学的な分析手法を用いて考察した Brander and Taylor [1998] は、成長が遅いヤシの木を使い尽くしてしまったことが、イースター島滅亡の原因であると分析している。

　ところが現在の人類はどうであろうか。世界の人口は急激な上昇を続け、消費量は増加するばかりで、頂点にいる種として、自らを十分に律しているとは到底言い難い。また、交通機関、輸送能力の向上によって、特定地域における資源の枯渇問題を他の地域の資源によって代替することが容易になっている。第3章で扱った代替種への移行と類似したことが、多くの資源において、様々なスケールで起きているものと考えられる。オオカミやイースター島に起きたようなことが、現在の人類に生じるべきとは考えないが、それにしても、もっと自らを律することは可能であろう。

　さらに悪いことには、人口や消費量の増加などによって、人類のエコロジカル・フットプリントは生物学的な収容力を超えて既に久しい年月が経過しているという。生態的赤字という形の負債

を継続的に発生させ、将来の資源利用の可能性を狭めながら、私たちは現在の生活を維持しているのである。

このように、人類が景観や生態系に及ぼす影響は甚大なものである。と同時に、この影響はしばしば景観や生態系にとっては急激な変化でもある。半世紀前には、わが国には多くのハンターがおり、森林などに棲息する野生動物が獣肉として活用されていた。それが個体数調整に大きく寄与していたと思われる。しかし今日、わが国のハンターは高齢化し、捕獲圧は減少し続けている。半世紀といえば、人類の社会情勢が大きく変化するほどの期間であろう。しかし、自然において、半世紀の間に、オオカミがシカを捕殺しなくなるといった変化はまず生じない。人類の変化は、とりわけ近年においては、景観や生態系にとってあまりに急激なものとなっている。

だからこそ、私たちは保護や管理といった言葉の下で自然資源を適切に維持する必要があるのではないだろうか。少し前の時代であれば、保護や管理をおこなうのは、自然を征服しうる能力を人類が持ったためであるという議論が可能であったかもしれない。しかし、今日的には、むしろ、自然から逸脱し、自分たちを十分に制御できない人類が、いわばセカンド・ベストな方法として、どうにか自然の均衡を保ち、維持していくために、自然を保護し管理するのであると考えることが適当であろう。こうした意味で、自然資源の保護や管理は、人類の責務といえるのではないか。

それでは、これまで遅遅として進んでこなかった、わが国にお

ける自然資源の保護や管理を進展させるためには、何が必要であろうか。ここでは、課題を3つ指摘しておきたい。1つは、自然資源管理体制構築の必要性である。第5章において、わが国でも先進的な管理を実施している北海道のエゾシカに着目し、第6章では、価格が付かない捕食者の管理を扱ったが、既に指摘したとおり、現行の管理では経済学的観点からの考察がまったくといえるほどなされていない。また、第4章では国際的な資源管理問題を扱っているが、欧米諸国と比較して、わが国とその周辺国の間では、自然資源の管理における国際的な協力が不足している。

2つは、長期的視野に立った管理の必要性である。先述のように、人類と自然との関係は短期的に大きく変化している。こうした、経済的・社会的な変化が起きても自然が大幅に改変されず、長期的な安定性が担保されるような管理方法を考案する必要がある。

仮想的に例をあげてみよう。第5章で、ベニソンが市場でますます取引されるであろうことを前提とした分析をおこなった。いましばらくは、ベニソンに対する需要は増加するであろう。法的問題や処理施設の問題は解決されるかもしれない。しかし、50年単位、100年単位でみた場合に、こうした需要の拡大が一過性のものとして終結してしまわないとは限らない。需要はあっても、ハンターが不足して供給がなされず、個体数は増加するといった事態が生じる可能性もある。そうした場合に、ハンターを維持する政策に固執すべきなのだろうか。現状のように、シカの増加に寄与するとされる人間による環境改変を減らし、さらにシ

カの大量斃死が生じる可能性を減少させ、自然の遷移に委ねるといった選択肢もあるかもしれない（他方で、それによって多面的機能が損なわれるという負の面があるかもしれないが）。

3つは、データ整備の必要性である。トラフグを取り上げた第4章では、データが僅少なために多くのパラメータの値を仮定して分析せざるを得ず、第6章ではデータそのものが存在しないため、数値シミュレーションに基づいて定性的な議論をすることしかできなかった。

今後、わが国で自然資源管理を進めるにあたっては、データ整備とそれを可能にする体制の構築が不可欠である。中山間地域衰退の一因が鳥獣による被害、漁村衰退の一因が漁獲量の減少と考えられ、こうした状況が生産者の減少や高齢化をもたらし、資源保護のインセンティブを欠如させるという悪循環を招いていると考えられることから、今後持続的な資源の管理政策を進める必要性は非常に高く、その前提として、データの整備が望まれる。

本書では、こうしたデータの不足を補うために、感度分析の実施や定性的な知見を得るという方法を採った。また、モデルビルディングでは、成長関数として一般的に用いられるロジスティック関数を採用するなどして、モデルが特異なものとなったり、過度に複雑化することを避けた。これは、単純なモデルの方が、むしろパフォーマンスがよいという資源経済学における国内外の先行研究の結果を踏まえたものである。

このように、データの不足や簡易なモデルを採用した結果、本書で用いたモデルは、必ずしも現実を厳密に描写しないものの、

近年では、結果をもとに管理方法を修正するという順応的管理が主流になっていること、また、現状のようにデータが少ない状況では定性的な分析が重視されると考えられることから、本書で呈示したモデルは、現状の自然資源管理に応用できるものといえよう。

　最後に、本書に残された課題について触れておこう。第1は、資源の過剰・過少利用の原因を、特定の事例についてしか考察していない点である。第2は、第6章で、存在価値などの非消費的価値を含めることができていない点である。第1点は、今後フィールド調査などによって、個別の事例ごとに原因を明らかにし、それらに共通する要因を解明することで解決していきたい。第2点は、現状では技術的に困難な問題がある。今後、改善方法を考究していきたい。

あとがき

　本書は、2004（平成16）年に京都大学へ提出した学位請求論文「自然資源の管理政策に関する研究」に、加筆・修正を施したものである。学位論文の審査では、京都大学大学院の武部隆先生には主査を、加賀爪優先生、小田滋晃先生には副査をお引き受けいただいた。各先生とも御多忙の中で、学位論文の原稿を御精読くださり、多数の貴重な御指摘をいただいた。

　博士後期課程在籍中には、武部先生に加え、浅野耕太先生、吉野章先生に御指導いただいた。動物、湿地、魚類と目移りしながら研究を進めていた私に対して、様々な議論を通じて、私の研究全般にみられる本質的な問題点を数多く御指摘いただいた。移り気な私が、どうにか論文を書けるようになったのは、先生方のこうした御指導のおかげである。

　本書の多くの章は、当初は別個の論文として作成し、査読つき学会誌に発表したものであり、その過程で多くの方々から御支援や御指導を賜った。審査では、匿名のレフェリーや編集委員の先生方に、数多くの御指摘をいただいた。中でも第5章のエゾシカ論文は、詳細なコメントを数度にわたって頂戴し、リライトしな

かったセンテンスがないといってよいほど改訂を繰り返し、その過程で非常に多くのことを学ばせていただいた。

　修士課程での指導教官であり、資源経済学の基礎を御教授いただいた京都大学名誉教授の北畠佳房先生、学部生時代に京都短期大学（現京都創成大学）で授業に参加して以来御指導を賜っている有木純善先生、北海道の湿原のことをいつも楽しくお話くださる北海道環境財団の辻井達一先生には、今日に至るまで数多くの学恩を頂戴してきた。さらに、武部研究室をはじめとした多くの学兄に恵まれ、様々なご支援をいただいた。

　本書出版の何よりも強い原動力となったのは、かねてから私淑申し上げていた持続可能経済研究所の嘉田良平先生からの激励と惜しみない御助力である。また、的確な御助言を繰り返し頂戴したことによって、出版事情の厳しい中で、博士論文提出から月日は流れたものの、このような専門書を出すことができた。

　本書は、こうした数多くの方々に多くを負って、初めて上梓できたものである。最後に、すべての方に今一度御礼申し上げたい。

2007 年 7 月 8 日

河田　幸視

初出一覧

序　章　書き下ろし

第1章　書き下ろし

第2章　河田幸視「宿泊カードを用いたトラベルコスト法とオンサイトデータの調査期間バイアス－霧多布湿原を事例として－」農村計画学会編『農村計画学会誌』23巻2号、pp. 119-127、2004年9月30日。

第3章　河田幸視「フグ漁業に見られる漁獲対象魚種変遷の経済的分析」漁業経済学会編『漁業経済研究』第48巻第1号、pp. 43-57、2003年6月25日。

第4章　河田幸視「複数国が利用する漁業資源の最適管理 － Munro-Nashモデルの拡張 －」社団法人環境情報科学センター編『環境情報科学』33巻4号、pp. 99-106、2005年3月15日。

第5章　河田幸視「地域資源としてのエゾシカの最適管理」日本農業経済学会編『農業経済研究』第76巻第3号、pp. 186-196、2004年12月25日。

第6章　河田幸視「被食－捕食関係にある捕獲対象種と害獣の最適管理」社団法人環境情報科学センター編『環境情報科学論文集』No. 17、pp. 311-316、2003年11月17日。

終　章　書き下ろし

引用文献

Acharya, G. (2000) "Approaching to Valuing the Hidden Hydorological Services of Wetland Ecosystems," *Ecological Economics*, Vol. 35, pp. 63-74.

赤尾健一（1993）『森林経済分析の基礎理論』京都大学農学部。

Alexander, R. R. (2000) "Modelling Species Extinction: The Case for Non-Consumptive Values," *Ecological Economics*, Vol. 35, pp. 259-269.

天野千絵（1996）「外海域における放流トラフグについて」、『さいばい』No.79、pp. 33-45。

天野千絵、檜山節久（1997）「5. 東シナ海、黄海、日本海」、多部田修編『トラフグの漁業と資源管理』恒星社厚生閣。

青木義雄（1995）『フクの文化』、ふじたプリント社。

青柳かつら（2003）「資源利用からみたエゾシカの保護管理－北海道足寄郡足寄町の事例－」、『林業経済研究』49(1)、pp. 53-60。

Arditi, R. and L. R. Ginzburg (1989) Coupling in Predator-Prey Dynamics: Ratio-Dependence, *Journal of Theoretical Biology*, Vol 139, pp. 311-326.

Armstrong, C. and O. Flaaten (1991) "The Optimal Management of Transboundary Fish Resources: The Arcto-Nowegian Cod Stock", in Flaaten, O. & C. Armstrong (eds.) *Essays on the Economics of Migratory Fish Stocks*. Tromso, Norway, Springer Verlag.

Armstrong, C. W. (1999) "Sharing a Fish Resources － Bioeconomic Analysis of an Applied Allocation Rule," *Environmental and Resource Economics*, Vol. 13, pp. 75-94.

浅子和美、國則守生（1994）「コモンズの経済理論」、宇沢弘文、茂木愛一郎編『社会的共通資本』東京大学出版会。

Barbier, E. B., I. Strand and S. Sathirathal (2002) "Do Open Access

Conditions Affect the Value of an Externality? Estimation the Welfare Effects of Mangrove-Fishery Linkages in the Thailand," *Environmental and Resources Economics*, Vol. 21, pp. 343-367.

Becker, G. (1965) "A Theory of the Allocation of Time," *Economic Journal*, Vol. 75, pp. 493-517.

Beverton R. J. H. and S. J. Holt (1957) On the Dynamics of Exploited Fish Populations, *Fishery Investigations Series* 2, v. 19.

Bockstael, N. E (1995) "Travel Cost Models" in D. W. Bromley (Eds.) *The Handbook of Environmental Economics*, Blackwell.

Bockstael, N. E., K. A. McConnell and I. E. Strand (1991) "Recreation," in Braden, J. B. and C. D. Kolstad (Eds.) *Measuring the Demand for Environmental Quality*, llinois Depertment of Energy and Natural Resources.

Bostedt, G., P. J. Parks, and M. Boman (2003) "Integrated Natural Resource Management in Northern Sweden: An Application to Forestry and Reindeer Husbandry," *Land Economics*, Vol. 79 Issue 2, pp. 149-160.

Bowes, M. D. and J. B. Loomis (1980) "A Note on the Travel Cost Models with Unequal Zonal Populations," *Land Economics*, Vol. 56, pp. 465-470.

Brander, J. A. and M. S. Taylor (1998) "The Simple Economics of Easter Island: A Ricardo-Malthus Model of Renewable Resource Use," *American Economic Review*, Vol. 88, No. 1, pp. 119-138.

Bulmer, M. (1994) *Theoretical Evolutionary Ecology*, Sinauer Associates, Massachusetts, 352pp.

Bulte, E. H. and G. C. van Kooten (1996) "A Note on Ivory Trade and Elephant Conservation," *Environment and Development Economics*, Vol. 1, pp. 429-432.

Bulte, E. H. and G. C. van Kooten (1999) "Economics of Antipoaching

Enforcement and the Ivory Trade Ban," *American Journal of Agricultural Economics*, Vol. 81, pp.453-466.

Burt, O. R. and D. Brewer (1971) "Estimation of Net Social Benefits from Outdoor Recreation," *Econometrica*, Vol. 39, pp. 813-827.

Carlson, G. A. and M. E. Wetzstein (1993) "Pesticides and Pest Management," in Carlson, G. A., D. Zilberman and J. A. Miranowski (eds.) *Agriculture and Environmental Economics*, Oxford University Press.

Caughley, G. (1969) "Eruption of Ungulate Populations, with Emphasis on Himalayan Thar in New Zealand," *Ecology*, Vol. 51, pp. 53-72.

Clark, C. W. (1973) "Profit Maximization and the Extinction of Animal Species," *Journal of Political Economy*, Vol. 81, pp. 950-961.

Clark, C. W. (1976) Mathematical Economics, Wiley, New York. (竹内啓、柳田英二訳『生物経済学 生きた資源の最適管理の数理』、1983年、啓明社)。

Clark ,C. W. (1985) *Bioeconomic Modelling and Fisheries Management*, Wiley (田中昌一監訳 (1988)『生物資源管理論－生物経済モデルと漁業管理』、恒星社厚生閣、東京)。

Clark, C. W. and Munro, G. R. (1975) "The Economics of Fishing and Modern Capital Theory : A Simple Approach", *Journal of Environmental Economics and Management*, Vol. 2, pp. 92-106.

Conrad, J. M. (1999) *Resource economics*, Cambridge University Press.

Creel, M. D. and J. B. Loomis (1990) "Theoretical and Empirical Advantages of Truncated Count Data Estimations for Analysis of Deer Hunting in California," *American Journal of Agricultural Economics*, Vol. 72, pp. 434-441.

deCalesta, D. S. and S. L. Stout (1997) "Relative Deer Density and Sustainability: A Conceptual Framework for Integrating Deer Management with Ecosystem Management," *Wildlife Society Bulletin*,

Vol. 25, pp. 252-258.

Ferrara, I. and Missios, P. C. (1998) "Non-use Values and the Management of Transboundary Renewable Resources," *Ecological Economics*, Vol. 25, pp.281-289.

Fisher, R. D. and L. J. Mirman (1992) "Strategic Dynamic Interaction: Fish War," *Journal of Economics and Control*, Vol. 16, pp. 267-287.

Fisher, R. D. and L. J. Mirman (1996) "The Compleat Fish Wars: Biological and Dynamic Interactions," *Journal of Environmental Economics and Management*, Vol. 30, pp. 34-42.

Gordon, H. S. (1954) "The Economic Theory of a Common-Property Resource: The Fishery," *Journal of Political Economy*, Vol. 62, pp. 124-142.

後藤陽子 (1999a)「北海道沿岸域に来遊する鰭脚類3種の摂餌生態および栄養動態に関する研究」北海道大学大学院水産学研究科博士学位論文、185pp。

後藤陽子 (1999b)「トドの食性」、『トドの回遊生態と保全』(大泰司紀之・和田一雄編著)、pp.13-58、東海大学出版会。東京。

花渕信夫 (1985)「九州周辺海域におけるトラフグについて」、『西海区ブロック浅海開発会議魚類研究会報』3、pp. 86-90。

Hanna, S. S. (1997) "The New Frontier of American Fisheries Governance," *Ecological Economics*, No. 20, pp. 221-223.

長谷川彰 (2002)『漁業管理』(多屋勝雄編)、成山堂書店。

幡建樹、赤尾健一 (1993)「森林レク・エリアの経済価値評価の理論と適用—旅行費用法を用いて—」、『林業経済研究』第123号、pp. 125-129。

Hausman, J. A. (1981) "Exact Consumer's Surplus and Deadweight Loss," *American Economic Review*, Vol. 81, pp.635-647.

羽山伸一 (1985)「ゼニガタアザラシ—保護・管理のモデルケースとして—」、『哺乳類科学』50号、pp. 31-41。

Hellerstein, D. M. (1991) "Using Count Data Models in Travel Cost Analysis with Aggregate Data," *American Journal of Agricultural*

Economics, Vol. 73, pp. 860-866.

Hellerstein. D. M. (1995) "Welfare Estimation Using Aggregate and Individual-Observation Models: A Comparison Using Monte Carlo Techniques," *American Journal of Agricultural Economics*, Vol.77, pp.620-630.

肥田野登編著（1999）『環境と行政の経済評価』、勁草書房。

北海道環境科学研究センター（1997）『ヒグマ・エゾシカ生息実態調査報告書Ⅲ』。

北海道環境科学研究センター、北海道立林業試験場、北海道立根釧農業試験場、北海道立十勝農業試験場、北海道立滝川農業試験場、北海道立衛生研究所（2001）『平成8～12年重点研究報告書 エゾシカの保全と管理に関する研究』。

北海道環境生活部（2000, 2002）『エゾシカ保護管理計画』（平成12年および13年策定）。

北海道釧路支庁（1998）『平成10年度 釧路支庁管内エゾシカ農林業被害等報告書』。

北海道水産林務部（2002）『平成13年度北海道林業統計』。

Hotelling, H. (1938) "The General Welfare in Relation to Problems of Taxation and of Railway and Utility Rates," *Econometrica*, Vol. 6, pp. 242-269.

藤田矢郎（1988）『日本近海のフグ類』、社団法人日本水産資源保護協会。

伊藤徹魯（1978）「厚岸におけるトドとニシンの関係」、『哺乳類科学』第36号、pp. 102-103。

伊藤徹魯、和田一雄（1982）「ゼニガタアザラシと沿岸漁業の関係についての予備的調査報告」、『哺乳類科学』第43・44号、pp. 39-58。

籠田勝基（2003）「衛生マニュアルが実現させるエゾシカ肉の有効活用」『エゾシカ協会ニューズレター』13号。

Kaji K., N. Ohtaishi and T. Koizumi (1984) "Population Growth and Its Effect upon the Forest Used by Sika Deer on Nakanoshima Island in

Lake Toya, Hokkaido," *Acta Zoologica Fennica*, Vol. 172, pp. 203-205.

Kaji K, M. Miyaki, T. Saitoh, S. Ono, and M. Kaneko (2000) "Spatial Distribution of an Expanding Sika Deer Population on Hokkaido Island, Japan," *Wildlife Society Bulletin*, Vol. 28, pp. 699-707.

梶光一 (1986)「洞爺湖中島のエゾシカの個体群動態と管理」、『哺乳類科学』53、pp. 25-28。

梶光一 (2001)「エゾシカと特定鳥獣の科学的・計画的管理について」、『生物科学』52、pp. 150-158。

梶光一 (2003)「エゾシカと被害：共生のあり方を探る」、『森林科学』420、pp. 20-23。

加藤弘二 (1999)「CVM による公共牧場の公益的機能の評価」、『宇都宮大学農学部学術報告』第 17 巻第 2 号、pp.17-38。

河田幸視 (2006)「ラトビア共和国における野生動物管理」環境経済・政策学会編『環境経済・政策学会年報』第 11 号、東洋経済新報社、pp. 275-289。

建設省建設政策研究センター (1997)『社会資本整備の便益評価等に関する研究』PRC Note 第 14 号。

小泉透 (1988)「エゾシカの管理に関する研究」、『北海道大学農学部演習林研究報告』45(1)、pp. 127-186。

国際連合食料農業機関編 (1967)『世界農業白書』、国際食料農業協会訳。

Kolstad, C. D. and J. B. Braden (1991) "Environmental Demand Theory," in Braden, J. B. and C. D. Kolstad (eds.) *Measuring the Demand for Environmental Quality*, Illinois Department of Energy and Natural Resources.

厚生労働省 (2001)『賃金構造基本統計調査（平成 13 年)』。

厚生労働省 (2002)『賃金構造基本統計調査（平成 14 年)』。

熊谷幸民、小野山敬一 (1988)「エゾシカによる農作物被害の実態」、『帯大研報』Ⅰ－16、pp. 75-85。

栗原伸一、アルバート・ルロフ (2004)『スポーツ・ハンティングを利用した野生鳥獣管理に関する研究－ペンシルバニア州におけるディア・ハンター

に対するアンケート調査から—」、『農村計画論文集』第6集、pp. 19-24。

Levhari, D. & L. J. Mirman (1980) "The Great Fish War: An Example Using a Dynamic Cournot-Nash Solution," *Bell Journal of Economics*, Vol. 11, pp. 322-334.

Loomis. J. and R. Walsh (1997) *Recreation Economics Decisions: Comparing Benefits and Costs*. 2nd Edition, Steta College, PA: Venture Press.

Loomis, J. B., S. Yorizane, and D. Larson (2000) "Testing Significance of Multi-Destination and Multi-Purpose Trips in a Travel Cost Method Demand Model for Whale Watching Trips," *Agricultural and Resource Economic Review*, Vol. 29, pp. 183-191.

Loughlin, T. R., A. S. Perlov, and V. A. Vladimirov (1992) Range-Wide Survey and Estimation of Total Number of Steller Sea Lions in 1989. *Marine Mammal Science*, Vol. 8, pp. 220-239.

Lowry, L. F., K. J. Frost and T. R. Loughlin (1989) Impotance of Walleye Pollock in the Diets of Marine Mammals in the Gulf of Alaska and Bering Sea, and Implications for Fishery Management. in *Proceeding of the International Symposium on the Biology and Management of Walleye Pollock*. Sea Grant Report AK-SG-89-01. University of Alaska, pp. 701-726.

間宮陽介 (1993)「地球温暖化の文明的背景」、宇沢弘文、國則守生編『地球温暖化の経済分析』東京大学出版会。

間野勉 (1998)「狩猟獣の乱獲、絶滅、防除、管理、保護の検証—鳥獣統計の分析—」、『哺乳類科学』38(1)、pp. 61-74。

松浦修平 (1997)「Ⅱ. 生物学的特性 2. 生物学的特性」、多部田修編『トラフグの漁業と資源管理』恒星社厚生閣。

McCullough, D. R. (1984) "Lessons from the George Reserve, Michigan", in L. K. Halls ed. *White-tailed Deer Ecology and Management*. Stackpole Book, pp. 211-242.

McConnell, K. E. (1985) "The Economic of Outdoor Recreation," in A. V. Kneese and J. L. Sweeney (eds.) *Handbook of Natural Resource and Energy Economics*, Vol. 1, North-Holland, pp. 677-722.

Mendelsohn, R., J. Hof, G. Peterson, and R. Johnson (1992) "Measureing Recreation Values with Multiple Destination Trips," *American Journal of Agricultural Economics*, Vol. 74, pp. 926-933.

三浦慎悟 (1999)『野生動物の生態と農林業被害』社団法人全国林業改良普及協会。

Munro, G. R. (1979) "The Optimal Management of Transboundary Renewable Resources", *Canadian Journal of Economics*, Vol. 12, pp. 355-376.

Munro, G. R. (1981) "The Economics of Fishing: An Introduction", in Butlin, J. A. (ed.) *Economics and Resources Policy*, Longman, London.

Munro, G. R. (1990) "The Optimal Management of Transboundary Fisheries: Game Theoretic Considerations", *Natural Resource Modeling*, Vol. 4, pp. 403-426.

Munro, G. R. and Scott, A. D. (1985) "The Economics of Fishery Management", in Kneese, A. V. & J. L. Sweeney (eds.) *Handbooks of Natural Resource and Energy Economics* Vol. 1, Elsevier Science Publishers B. V..

Nash, J. (1953) "Two-Person Cooperative Games," *Econometrica*, Vol. 21, pp. 128-140.

新妻昭夫 (1994)「アザラシやアシカは海に帰った哺乳類だが、それでも陸から離れられない」、『動物たちの地球第9巻』、pp.66-67、朝日新聞社。

西村和雄 (1998)「複雑系経済学とは何か」、『東京情報大学研究論集』、Vol. 2 No. 3、pp. 147-168。

能勢幸雄、石井丈夫、清水誠 (1988)『水産資源学』、東京大学出版会。

農林水産技術会議、森林総合研究所、農業・生物系特定産業技術研究機構 (2003)『農林業における野生獣類の被害対策基礎知識－シカ、サル、そし

てイノシシ』(http://ss.ffpri.affrc.go.jp/labs/wildlife/14main.htm)。

農林水産省統計情報部(1991-2002)『林家経済調査報告(平成元〜12年度)』。

大泰司紀之(1985)「大型哺乳類の保護・管理法に関する試論」、『哺乳類科学』50、pp.49-53。

大泰司紀之、中川元(1988)『知床の動物』、北海道大学図書刊行会、北海道。

Parsons, G. R. (2003) "The Travel Cost Model," in P. A. Champ, K. J. Boyle, and T. C. Brown (Eds.) *A Primer on Nonmarket Valuation*, Kluwer Academic Publishers.

Reed, W. J. (1980) "Optimum Age-Specific Harvesting in a Nonlinear Population Model", *Biometrics*, Vol. 36, pp. 579-593.

Ricker, W. E. (1954) "Stock and Recruitment," *Journal of Fisheries Research Board of Canada*," Vol. 11, pp. 559-623.

林野庁(1997)『平成9年度 森林評価手法に関する調査報告書』。

Rondeau D., and J. M. Conrad (2003) "Managing urban deer," *American Journal of Agricultural Economics*, 85(1), pp. 266-281.

坂元慶行、石黒真木夫、北川源四郎(1983)『情報量統計学』共立出版株式会社。

桜本和美(1998)『資源管理のABC』、成山堂書店。

佐藤洋平、増田健(1994)「インフォーマルなレクリエーション活動がおこなわれる空間としての農村の環境便益評価−横浜市「寺町ふるさと村」を事例として−」、『農村計画学会誌』第13巻第2号、pp. 22-32。

佐藤良三、小嶋喜久雄(1995)「トラフグの分布・回遊特性」、『漁業資源研究会議報』Vol. 29, pp. 101-113。

Schaefer, M. B. (1957) "Some Considerations of Population Dynamics and Economies in Relation to the Management of the Commercial Marine Fisheries", *Journal of the Fisheries Research Board of Canada*, Vol. 14, pp. 669-681.

Schulz, C.-E. and A. Skonhoft (2000) "On the Economics of Ecological Nuisance," Paper to the 7th Ulvön Conference on Environmental

Economics.

Scott, A. D. (1955) "The Fishery: The Objectives of Sole Ownership", *Journal of Political Economy*, Vol. 63, pp. 116-124.

社団法人日本造園学会編（1978）『造園ハンドブック』技報堂出版。

Shaw, D. (1988) "On-site Samples' Regression: Problems of Non-Negative Integers, Truncation, and Endogenous Stratification," *Journal of Econometrics*, Vol. 37, pp. 211-223.

清水潮・吉野達治（1989）『フグ毒のなぞを追って』裳華房。

Shone, R. (1997) *Economic Dynamics: Phase Diagrams and Their Economic Application*, Cambridge University Press.

Skonhoft, A. (1998) "Resource utilization, Property Rights and Welfare − Wildlife and the Local People," *Ecological Economics*, Vol. 26, pp. 67-80.

Solow, R. M. (1974) "The Economics of Resources or the Resources of Economics," *American Economic Review*, Vol. 64, pp. 1-14.

総務庁統計局・統計研修所（2002）『日本の統計 2002 年版』財務省印刷局。

Strong, E. J. (1983) "A Note on the Functional Form of Travel Cost Models with Zones of Unequal Populations," *Land Economics*, Vol. 59, pp. 342-349.

Sumaila, U. R. (1997) "Cooperative and Non-Cooperative Exploitation of the Arcto-Norwegian Cod Stock," *Environment and Resource Economics*, Vol. 10, pp. 147-165.

Sumaila, U. R. (1999) "A Review of Game-Theoretic Models of Fishing," *Marine Policy*, Vol. 23, pp. 1-10.

Swanson, T. M. (1994) "The Economics of Extinction Revisited and Revised: A Generalised Framework Endangered Species and Biodiversity," *Oxford Economic Papers* Vol. 46, pp. 800-821.

多部田修、孫泰俊、廬遥、白文河（1993）「韓国済州島におけるフグ類とその漁業」、『日水誌』Vol. 59、pp. 1679-1683。

高橋紀之（2001）「個体群管理に欠かせないものとは？」、『遠洋』No. 109、pp. 13-14。

Takahashi, N. and K. Wada (1998) "The Effect of Hunting in Hokkaido on Population Dynamics of Steller Sea Lions in the Kuril Islands: a Demographic Modeling Analysis," *Biosphere Conservation*, Vol. 1, pp. 49-62.

高槻成紀（1989）「金華山島の自然と保護－シカをめぐる生態系－」、『生物科学』41(1)、pp. 23-33。

高槻成紀（1992）『北に生きるシカたち』どうぶつ社。

高槻成紀（2006）『シカの生態誌』東京大学出版会。

竹林征三編著（1995）『建設環境技術』山海社。

玉置泰司（1999）「茨城県霞ヶ浦・北浦帆びき網漁のもつアメニティの評価」、『漁業経済研究』、第44巻第1号、pp. 51-73。

田中裕人（2001）「農業・農村のもつ保健休養機能の経済評価に関する研究」京都大学大学院農学研究科博士学位論文。

田中裕人、網藤芳男、児玉剛史（2002）「観光農園を対象としたトラベルコストモデルの便益移転－ブーストラップチョウ検定による接近－」、『農村計画学会誌』第21巻第2号、pp. 133-142。

常田邦彦、鳥居敏男、宮木雅美、岡田秀明、小平真佐夫、石川幸男、佐藤謙、梶光一（2004）「知床を対象とした生態系管理としてのシカ管理の試み」『保全生態学研究』9、pp. 193-202。

辻井達一、橘ヒサ子編著（2002）『北海道の湿原と植物』財団法人前田一歩園財団。

内田秀和（1991）「トラフグの資源生態に関する研究Ⅲ－外海産トラフグの体長別漁獲尾数からの資源量推定－」、『福岡水試研報』第17号、pp. 11-18。

内田秀和（1994）「外海産トラフグの資源診断」、『福岡水技研報』第2号、pp. 1-11。

内田秀和、伊藤正博、日高健（1990）「トラフグの資源生態に関する研究Ⅱ－標識放流からみた筑前海産トラフグの分布と移動－」、『福岡水試研報』

第16号、pp. 7-14。

内田秀和、日高健（1990）「トラフグの放流結果からみた幼魚〜未成魚期の移動生態について」、『西海区ブロック魚類研究会報』No. 8、pp. 25-30。

宇野裕之、横山真弓、高橋学察（1998）「北海道阿寒国立公園におけるエゾシカ（Cervus nippon yesoensis）の冬季死亡」、『哺乳類科学』38(2)、pp. 233-246。

Vartia, Y. (1983) "Efficient Methods of Measuring Welfare Changes and Compensated Income in Terms of Orderly Demand Functions," *Econometrica*, Vol. 51 pp. 79-98.

和田一雄、伊藤徹魯（1999）『鰭脚類：アシカ・アザラシの自然史』東京大学出版会、東京。

Ward, F. A. and D. Beal (2000) *Valuing Nature with Travel Cost Models: A Manual*, Edward Elgar.

Wills, K. G. and G. D. Garrod (1991) "An Individual Travel-Cost Method of Evaluating Forest Recreation," *Journal of Agricultural Economics*, Vol. 42, pp. 33-42.

Wilson, E.D. and W. H. Bossert (1971) *A Primer of Population Biology*, Sinauer Associates, Inc, Publisher.

World Bank (1996) "Managing Transboundary Stocks of Small Pelagic Fish. Problems and Options," *World Bank Discussion Paper* No. 329.

山口県環境保健部生活衛生課（1986）『ふぐ－正しい知識の普及啓蒙と"ふぐ中毒防止"のために－』、山口県食品衛生協会。

山根明臣（2002）「山村における野生動物による被害・防除と共生」田渕俊雄、塩見正衞編著『中山間地と多面的機能』農林統計協会 pp. 89-114。

Yokoyama M., Kaji K. & Suzuki M. (2000) "Food Habits of Sika Deer and Nutrirional Value of Sika Deer Diets in Eastern Hokkaido, Japan," *Ecological Research* 15, pp. 345-355.

吉家世洋（2004）『日本の森にオオカミの群れを放て』、ビイング・ネット・プレス。

吉田謙太郎、宮本篤美、出村克彦（1997）「観光農園のもつ保健休養機能の経済評価－トラベルコスト法の適用－」、『農村計画学会誌』第16巻第2号、pp. 110-119。

吉村哲彦、上田昌史、高城勝信、酒井徹朗（1999）「霧多布湿原の経済的価値評価－観光客、地域住民、日本国民の支払意思額に関する検討－」、『環境経済・政策学会1999年大会報告要旨集』、pp. 132-133。

湯本貴和、松田裕之編（2006）『世界遺産をシカが喰う　シカと森の生態学』文一総合出版。

Zivin, J., Hueth, B. M. and Zilberman, D. (2000) "Managing a Multiple-Use Resources: The Case of Feral Pig Management in California Rangeland," *Journal of Environmental Economics and Management*, Vol. 39, pp. 189-204.

■著者紹介

河田　幸視　（かわた　ゆきちか）

　1972 年　山口県に生まれる
　1998 年　京都大学大学院人間・環境学研究科修士課程修了
　2004 年　京都大学大学院農学研究科博士課程修了
　　　　　京都大学博士（農学）
　2005 年　慶應義塾大学経済学部専任講師

主要論文

Kawata, Yukichika 'Economic Resource or Mammalian Pest?: A Reconsideration of the Management of Wild Deer,' *The Japanese Journal of Rural Economics* Vol. 8, pp. 12-25, March, 2006.

Kawata, Yukichika 'An Economic Analysis of the Influence of Different Attitudes Toward Game Animals: Emphasizing the Significance of Large Carnivores,' *Baltic Journal of Economics* Vol. 6, No. 2, pp. 57-78, February 2007.

自然資源管理の経済学

2007 年 10 月 10 日　初版第 1 刷発行

■著　　者────河田幸視
■発 行 者────佐藤　守
■発 行 所────株式会社 大学教育出版
　　　　　　　〒700-0953　岡山市西市 855-4
　　　　　　　電話（086）244-1268　FAX（086）246-0294
■印刷製本────サンコー印刷 ㈱
■装　　丁────ティーボーンデザイン事務所

Ⓒ Yukichika Kawata 2007, Printed in Japan
検印省略　　　落丁・乱丁本はお取り替えいたします。
無断で本書の一部または全部を複写・複製することは禁じられています。
ISBN978-4-88730-777-3